O mar visto do espaço

The Sea Seen from Space

Prefeitura da Cidade do Rio de Janeiro, Secretaria Municipal de Cultura apresentam [Rio de Janeiro City Hall, Municipal Department of Culture present]:

Organização [Editors]
David Zee & Milton Kampel
Textos [Texts]
Alexander Turra, David Zee, Eduardo Negri de Oliveira, Milton Kampel
Realização [Production]
Jacqueline Menaei_MaisArte Marketing
Pesquisadores colaboradores [Collaborating researchers]
João Felipe Cardoso dos Santos, Raíra Cesário, Thaís Andrade Galvão de Medeiros
Tratamento de imagens [Image handling]
Cesar Barreto
Projeto gráfico [Layout]
Glória Afflalo_a+a design
Assistente editorial [Editorial Assistant]
Renata Arouca
Revisão de textos [Proofreading]
Rosalina Gouveia
Tradução para o inglês [Translation into English]
Ben Kohn
Impressão e acabamento [Printing and Binding]
Ipsis Editora Gráfica

Andrea Jakobsson Estúdio Editorial Ltda.
Rua Percy Murray, 5/703
22071-040, Copacabana, Rio de Janeiro (RJ)
atendimento@jakobssonestudio.com.br
www.jakobssonestudio.com.br

Apoio [Supported by]

Patrocínio [Sponsored by]

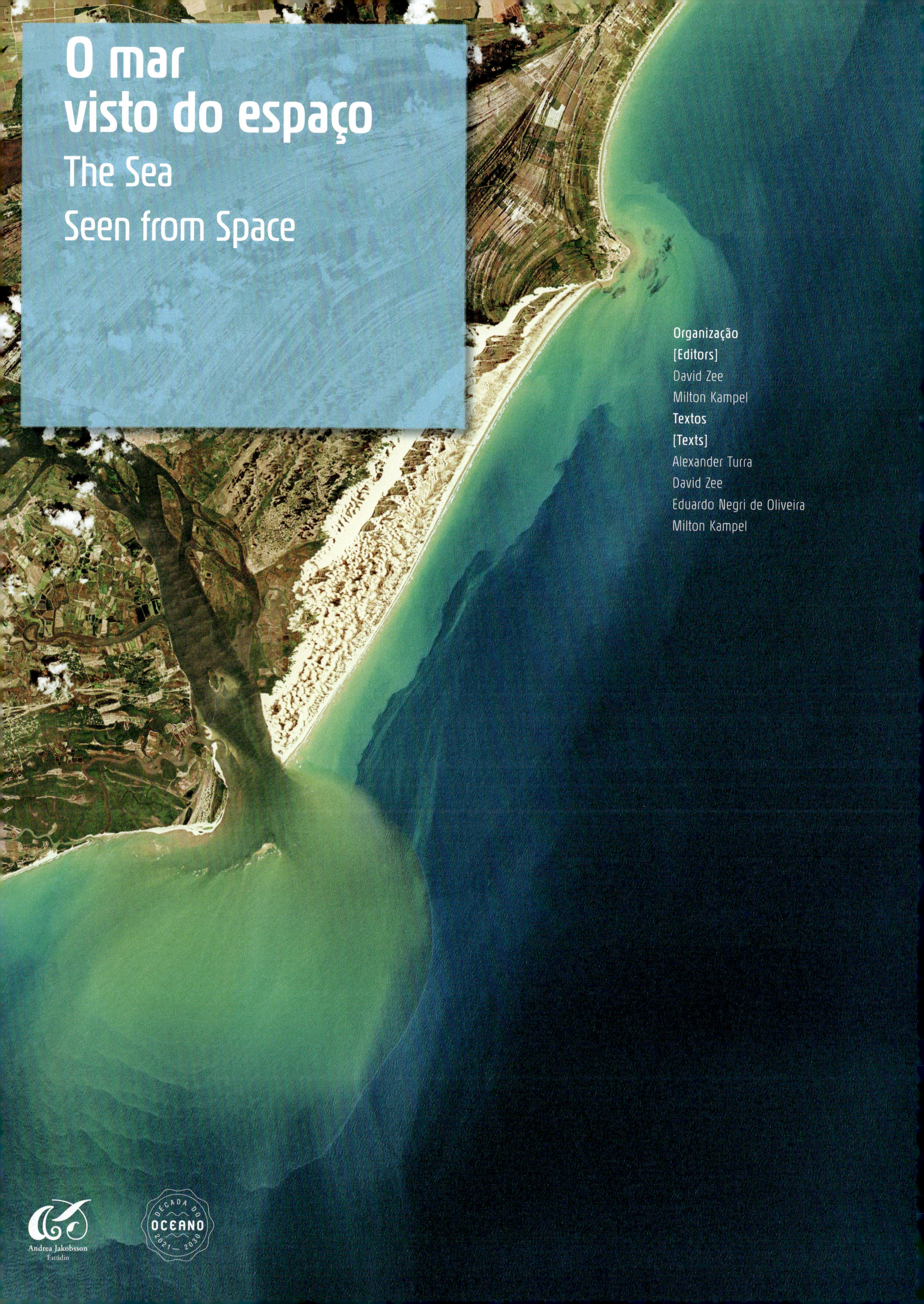

O mar visto do espaço

The Sea Seen from Space

Organização
[Editors]
David Zee
Milton Kampel
Textos
[Texts]
Alexander Turra
David Zee
Eduardo Negri de Oliveira
Milton Kampel

Andrea Jakobsson Estúdio

A Prefeitura do Rio, por meio da Secretaria Municipal de Cultura, cuida de um dos maiores patrimônios brasileiros: a cultura carioca.

São mais de 50 equipamentos espalhados por toda a cidade, entre teatros, arenas, museus, bibliotecas, salas de leitura e centros culturais. Uma das maiores redes municipais de equipamentos de cultura da América Latina.

Investimos mais de R$ 200 milhões por ano em cerca de 1.200 projetos pensados, produzidos e estrelados pela cena cultural carioca. São milhares de empregos gerados e um grande aporte financeiro para a cidade.

Criada em 2013, a Lei Municipal de Incentivo à Cultura da cidade do Rio de Janeiro (Lei do ISS) é o maior mecanismo de incentivo municipal do país em volume de recursos e busca estimular o encontro da produção cultural com a população. Acreditamos que a cultura é um vetor fundamental de desenvolvimento econômico e social e de protagonismo da diversidade, da democracia e da nossa identidade.

Rio City Hall, through its Municipal Department of Culture, looks after one of Brazil's greatest assets: Rio de Janeiro culture.

More than 50 facilities are established throughout the city, including theatres, arenas, museums, libraries, reading rooms and cultural centres. One of the largest municipal networks of cultural facilities in Latin America. We invest more than R$200 million a year in around 1,200 projects designed and produced by the Rio cultural scene. This corresponds to the creation of thousands of jobs and to a huge financial contribution to the city.

Created in 2013, Rio de Janeiro's Municipal Culture Incentive Law is the largest municipal incentive mechanism in the country in terms of volume of funds and seeks to bring cultural production closer to the public. We believe that culture is a fundamental vector for economic and social development and plays a leading role in ensuring diversity, democracy and our very identity.

Prefeitura do Rio

Secretaria Municipal de Cultura

Rio PREFEITURA | CULTURA

Sumário

Table of contents

Oceano: os diferentes tons de uma década

[The Ocean: The Different Shades of a Decade]

Alexander Turra

A Terra é azul porque o oceano é azul. Mas se olharmos do espaço algumas regiões do planeta com um pouco mais de detalhe, veremos que o oceano não é necessariamente monocromático. Ele pode revelar-se em diferentes tons que vão do azul ao esverdeado, do vermelho ao marrom. Essas nuances traduzem-se em significados que indicam diferentes condições ambientais, como massas de água com temperaturas mais elevadas e marés vermelhas produzidas pela grande proliferação de microalgas tóxicas. De forma semelhante, o mosaico de ambientes e de aspectos da zona costeira revela a intrigante intersecção entre a terra e o mar, ilustrada pelas plumas de água doce e sedimento que inundam o oceano ou pelas águas claras e salinas do mar que adentram o continente nas marés altas.

No entanto, olhar o planeta do espaço está longe de ser uma tarefa simples, embora isso seja mais fácil nos dias de hoje pois não precisamos necessariamente enviar astronautas ao espaço. A presença humana lá é cada vez mais intensa devido ao número crescente de satélites artificiais que lançamos para a termosfera e para a exosfera. Apesar do elevado custo para construir e colocar em órbita os satélites, a relevância das informações que os registros multiespectrais do sensoriamento remoto nos prestam justifica os investimentos.

A obra *O mar visto do espaço* representa um esforço para conectar as pessoas como oceano e com o espaço. E isso foi feito sob a perspectiva dos oceanógrafos David Zee, Milton Kampel e Eduardo Negri de Oliveira, cujos prismas difrataram as exuberantes imagens obtidas por satélites. Além da beleza das imagens, a tradução das informações compostas de incontáveis *pixels* e codificadas em tons de ciano, magenta, amarelo e preto permite interpretações extraordinariamente reveladoras sobre os contornos e os processos oceanográficos que regem a dinâmica da zona marinha e costeira brasileira.

A abordagem proposta pelos autores proporciona uma viagem ao longo dos mais de 10.000 km da costa brasileira, considerando suas importantes e recorrentes reentrâncias, mas também ilhas oceânicas como o Atol das Rocas e arquipélagos dos Abrolhos, de Trindade e Martin Vaz e de Fernando de Noronha. Essa introspecção percorreu uma ampla variação latitudinal, desde o Amapá, com sua costa localizada no Hemisfério Norte, até as regiões mais a sul do país, como a Lagoa Mirim, no Rio Grande do Sul. Não apenas a natureza é retratada. As imagens consubstanciam a presença humana no mar e suas interações com ele, incluindo a transformação do uso e da ocupação do território, com a presença de rodovias, cidades, portos e complexos industriais.

Esta obra ajuda a sociedade compreender a importância do sensoriamento remoto para o conhecimento e a gestão da zona marinha e costeira. Ilustra como o desenvolvimento científico e tecnológico permitiu uma visão mais ampla e sinóptica do planeta. Revela como sensores que registram o espectro de luz refletido pela Terra podem converter fótons em imagens e sinais eletromagnéticos em inspiração. Inspiração que não nos permite diferenciar inequivocamente a ciência da arte.

Se Claude Monet tivesse tido a perspectiva que as imagens de satélite nos dão sobre o planeta, ainda que de forma pontual e efêmera, suas pinceladas aparentemente descompromissadas e pouco obedientes às tradições mesclariam tons e elementos que tornariam tênues as fronteiras que pretensamente usamos para separar a terra e o mar. O pequeno lago das ninfeias de Monet seria o imenso oceano. Seus lírios e juncos, as árvores do manguezal.

A inspiração na obra de Monet traz para este volume da Coleção Década do Oceano um desafio adicional: traduzir a essência da tecnologia de ponta para a poesia das imagens e a materialidade de seus significados. Além de ressignificar o oceano para a sociedade, *O mar visto do espaço* busca expandir a visão dos cidadãos em relação à exuberância do oceano, contribuindo com a promoção de um oceano inspirador e envolvente, conforme preconizado pela Década das Nações Unidas da Ciência Oceânica para o Desenvolvimento Sustentável.[1] Visa também contribuir com a promoção da Cultura Oceânica,[2] junto da qual os diferentes tons do oceano devem convergir para uma mensagem uníssona em prol de sua sustentabilidade.

1 IOC/Unesco. 2019. A ciência que precisamos para o oceano que queremos: a Década das Nações Unidas da Ciência Oceânica para o Desenvolvimento Sustentável (2021–2030). Disponível em https://unesdoc.unesco.org/ark:/48223/pf0000265198_por.

2 Santoro, F.; Santin, S.; Scowcroft, G.; Fauville, G.; Tuddenham, P. 2020. *Cultura Oceânica para todos: kit pedagógico.* Paris: Unesco; IOC. Disponível em https://unesdoc.unesco.org/ark:/48223/pf0000373449.

The Earth is blue because the ocean is blue. But if we look at some regions of the planet from space in a little more detail, we can see that the ocean is not necessarily monochrome. It can manifest in different shades ranging from blue to green, from red to brown. These nuances translate into meanings that indicate different environmental conditions, such as bodies of water with higher temperatures and red tides produced by the proliferation of toxic microalgae. Similarly, the mosaic of environments and aspects of the coastal zone reveals the intriguing intersection between land and sea, illustrated by the plumes of fresh water and sediment that flood the ocean or by the clear, salty waters of the sea that penetrate the mainland at high tides.

However, looking at the planet from space is far from a simple task, although it is easier nowadays since it does not require sending astronauts into orbit. There is an increasing human presence in space due to the growing number of artificial satellites we are launching into the thermosphere and exosphere. Despite the significant cost of building and launching satellites into orbit, the importance of the information that multispectral remote sensing records provide justifies the investment.

The Sea Seen from Space is an effort to connect people with the ocean and the space. Such a connection has been presented from the perspective of oceanographers David Zee, Milton Kampel and Eduardo Negri de Oliveira, who have interpreted the exuberant satellite images. The images are not only beautiful; the information formed by countless pixels, encoded in shades of cyan, magenta, yellow and black is translated in such a way to allow for an incredibly enlightening understanding of the contours and oceanographic processes that govern the dynamics of the Brazilian marine and coastal zone.

The authors' approach takes us on a journey along the Brazilian coastline that stretches for more than 10,000 km, highlighting its major and numerous inlets, but also the oceanic islands such as Rocas Atoll and the Abrolhos, Trindade and Martin Vaz and Fernando de Noronha archipelagos. This introspection covered a broad latitudinal range, from Amapá, where the coast lies in the northern hemisphere, to the southernmost regions of the country, such as Lagoa Mirim, in Rio Grande do Sul. And the images portray not only nature. They show human presence near the sea and their interactions with it, including how land use and occupation has been transformed, with the presence of highways, cities, ports and industrial complexes.

This book allows society to understand the importance of remote sensing for knowledge and management of the marine and coastal zone. It illustrates how scientific and technological development has enabled a broader, more synoptic view of the planet. It reveals how sensors that record the spectrum of light reflected by the Earth can convert photons into images and electromagnetic signals into inspiration. Inspiration that does not make possible an unequivocal differentiation between science and art.

Had Claude Monet enjoyed the perspective that satellite images give us on the planet, albeit in a punctual and ephemeral manner, his seemingly uncompromising brushstrokes and lack of obedience to tradition would have blended tones and elements to blur the boundaries we supposedly use to separate land and sea. Monet's pond of water lilies would be the immense ocean. Its lilies and reeds, the mangrove trees.

The inspiration in Monet's work brings an additional challenge to this volume of the Decade of the Ocean Collection: translating the essence of cutting-edge technology into the poetry of images and the materiality of their meanings. In addition to giving the ocean a new meaning for society, *The Sea Seen from Space* seeks to expand citizens' view of the ocean's exuberance, helping to promote an inspiring and engaging ocean, as advocated by the United Nations Decade of Ocean Science for Sustainable Development.[1] It also aims to support the promotion of the Ocean Culture,[2] with which the different shades of the ocean should converge in a unified message in favour of its sustainability.

1 IOC/Unesco. 2020 The Science We Need for the Ocean We Want: the United Nations Decade of Ocean Science for Sustainable Development (2021–2030). Available at https://unesdoc.unesco.org/ark:/48223/pf0000265198.

2 Santoro, F.; Santin, S.; Scowcroft, G.; Fauville, G.; Tuddenham, P. 2018. *Ocean Literacy for All: A Toolkit*. Paris: Unesco; IOC. Available at https://unesdoc.unesco.org/ark:/48223/pf0000260721.

Luz sobre o mar azul
[Light on the Blue Sea]

David Zee

O mar sempre esteve na mente das pessoas e nos destinos do Brasil. A chegada dos europeus só foi possível por rotas marítimas. As correntes de ar e do mar ajudaram a conduzir a frota de Pedro Álvares Cabral até o litoral brasileiro, que tem uma linha de costa com mais de 10.000 km de extensão.

Nessa longa fronteira azul é possível observar inúmeras feições litorâneas distintas, além de dinâmicas complexas de interação entre o mar e o continente. Contudo, mesmo os especialistas que trabalham nesses ambientes têm deles uma percepção segmentada e pontual. A gestão e o melhor aproveitamento desse espaço dependem de uma visão integrada do seu conjunto ambiental e social.

Como aproveitar com equilíbrio esses recursos se não percebemos o todo? Como é possível usá-los com segurança se não compreendemos a sua dinâmica? Como explicar a complexidade dos ecossistemas marinhos se temos uma visão míope? Como identificar suas fragilidades se não enxergamos como as cidades se relacionam com o sistema natural?

Yuri Alexeievich Gagarin foi o primeiro ser humano a ver a Terra como um todo do espaço e, discordando da imaginação da maioria até então, disse com muita propriedade que ela é azul. A visão orbital oferecida atualmente pelos satélites artificiais, que a cada volta em torno do planeta registram centenas de imagens, não deve ser privilégio apenas de poucos. Democratizar as imagens permite que o público também possa compreender e tirar suas próprias conclusões sobre numerosos temas.

A presente obra, ao compartilhar imagens do mar visto por satélite, objetiva promover uma opinião pública mais esclarecida e abrangente. Por meio da visão crítica, a sociedade tem como fazer as melhores escolhas e tomar as decisões mais sábias para o desenvolvimento sustentável. Com esse objetivo, imagens e cores nos ajudam a suplantar as suposições e o desconhecimento na condução das políticas públicas de modo que se possa incluir e beneficiar, com sabedoria, muitos.

Visando lançar luz sobre esse imenso território azul, *O mar visto do espaço* oferece uma pequena amostra da visão em escala espacial das diversidades geográficas, sociais, culturais, ambientais e econômicas a ele associadas, bem como da sua imensa riqueza cênica que a sociedade brasileira ainda precisa descobrir.

The sea has always been present in people's thoughts and in in Brazilian destinations. It offered the only possible routes for the arrival of Europeans. Air and sea currents helped guide Pedro Álvares Cabral's fleet to Brazil's vast coastline, stretching over 10.000 km.

This extensive blue frontier features countless distinct coastal landforms and complex dynamics of interaction between sea and land. However, even the experts who work in these environments adopt a segmented, isolated perception of them. Managing and making the best use of this space depends on an integrated vision of its environmental and social whole.

How can we make balanced use of these resources if we fail to appreciate the whole? How can we use them safely if we don't understand their dynamics? How can we explain the complexity of marine ecosystems if we have a short-sighted vision? How can we identify their weaknesses if we fail to recognise how cities relate to the natural system?

Yuri Alexeievich Gagarin was the first human being to see the Earth as a whole from space and, contrary to the popularly held belief at the time, he stated with authority that it was blue. The orbital view currently offered by artificial satellites, which record hundreds of images every time they circle the planet, should not be the privilege of just a few. The democratisation of images allows the public the chance to also understand and draw their own conclusions on numerous matters.

By sharing satellite images of the sea, this book aims to promote a more enlightened and comprehensive public opinion. Through critical thinking, society can make the best choices and the wisest decisions for sustainable development. To this end, images and colours help us to overcome the assumptions and ignorance that pervade public policies so to ensure that more people may be included and enjoy wisely devised benefits.

With the aim of shedding light on this immense blue territory, *The Sea Seen from Space* offers a glimpse on a spatial scale of the geographical, social, cultural, environmental and economic diversities associated with it, as well as its vast scenic wealth, which Brazilian society has yet to discover.

Do espaço para o oceano
[From Space to the Ocean]

Milton Kampel

Este livro reúne imagens obtidas a partir de satélites artificiais em órbita da Terra, equipados com sensores capazes de detectar luz visível, infravermelha e radiação de micro-ondas para criar imagens de alta resolução. Trata-se de representações visuais da Terra que abrem novas perspectivas sobre o clima, a geografia, o meio ambiente e as estruturas construídas pelo homem.

Essas imagens desempenham um papel fundamental na formação do nosso entendimento do mundo, fornecendo informações que não podem ser obtidas por sensores instalados no nível da superfície do planeta. A visão panorâmica e sinóptica por elas criada permite-nos, por exemplo, monitorar mudanças na linha de costa, no uso e na ocupação da terra na zona costeira e observar eventos climáticos extremos. De modo geral, os dados obtidos podem nos auxiliar a tomar decisões com base em uma melhor compreensão sobre o planeta.

As imagens de satélite possibilitam a criação de mapas detalhados da superfície da Terra, úteis para a navegação, o planejamento urbano e a gestão ambiental. Com elas, pode-se detectar mudanças na cobertura vegetal, acompanhar a expansão de áreas urbanas e monitorar a extensão dos danos causados por um desastre natural ou de origem antrópica. Permitem, ademais, rastrear padrões climáticos, inclusive o movimento de nuvens, a localização de tempestades e alterações na temperatura da água.

Os pesquisadores de ciências da Terra buscam uma lente grande-angular para visualizar ecossistemas inteiros, feições oceânicas ou frentes atmosféricas em imagens que cobrem uma área geográfica ampla, mas o nível de detalhes depende da resolução espacial do satélite: uma cidade pode preencher uma imagem inteira ou surgir como um mero ponto na paisagem.

Ao interpretar imagens de satélite, padrões distintos ajudam a identificar os principais recursos. Corpos d'água como rios, lagunas e o oceano tendem a ter formas únicas. Círculos ou retângulos se destacam dos padrões aleatórios observados na natureza e são comuns em fazendas. Linhas retas são quase certamente feitas pelo homem e podem ser estradas, canais ou algum tipo de limite tornado visível pelo uso da terra.

As cores em uma imagem estão associadas ao tipo de luz que o sensor no satélite mediu. As imagens com "cores verdadeiras" usam luz visível, no vermelho, verde e azul que se assemelham ao que uma pessoa veria do espaço. As imagens com "cores falsas" incorporam luz infravermelha e podem assumir tons inesperados. A água absorve a luz e por isso pode ficar preta ou azul-escura. Os sedimentos refletem a luz e colorem a água. Quando a areia ou lama em suspensão é densa, a água parece marrom. À medida que o sedimento se dispersa, a cor muda para verde e depois para azul. O fitoplâncton tinge a água em tons de azuis e verdes e a matéria orgânica causa um tom amarelado, principalmente nos estuários.

A dinâmica do uso e da cobertura da terra em uma bacia hidrográfica afeta a quantidade e a qualidade da água que flui para os estuários e baías na zona costeira. O aporte de matéria orgânica derivada do continente, sedimentos em suspensão e outros materiais transportados pelos rios gera complexidade bio-óptica e agrega complexidade aos processos biogeoquímicos marinhos. Muitas dessas variações podem ser visualizadas nas imagens de satélite.

O livro *O mar visto do espaço* reúne um conjunto de imagens que cobre a costa brasileira de norte a sul, de maneira a ilustrar aspectos ambientais, sociais, culturais e históricos. As bandas espectrais no visível e infravermelho próximo foram utilizadas em composições coloridas, depois editadas digitalmente para realçar feições de interesse. O volume de dados processados foi enorme, demandando uma infraestrutura computacional compatível e o uso de *softwares* de processamento digital de imagens por uma equipe técnica especializada.

Contudo, ressaltamos que os satélites são muito mais do que instrumentos tecnológicos fantásticos em órbita no espaço ao redor da Terra; são uma ferramenta útil que desempenha um papel estruturante em nossa vida cotidiana. Eles revolucionaram a maneira como interagimos com o mundo ao nosso redor, transmitindo imagens de todo o globo, permitindo-nos investigá-lo por meio de mapas *on-line* e outros recursos visuais, tornando nossa vida mais fácil, conveniente e conectada.

This book brings together images taken from artificial satellites orbiting the Earth, equipped with sensors capable of detecting visible light, infrared and microwave radiation to create high-resolution images. These visual representations of the Earth open up new perspectives on climate, geography, the environment and man-made structures.

Such images play a key role in shaping our understanding of the world, providing information that cannot be obtained by sensors installed at the surface level of the planet. The panoramic and synoptic view they create allows us, for example, to monitor changes in the coastline, land cover and land use and occupation in the Coastal Zone and observe extreme weather events. In general, the data acquired can support our decision-making based on a better understanding of the planet.

Satellite images support the creation of detailed maps of the Earth's surface, useful for navigation, urban planning and environmental management. They can be used to detect changes in vegetation cover, track the expansion of urban areas and monitor the extent of damage caused by a natural or man-made disaster. They also make it possible to track weather patterns, including the movement of clouds, the location of storms and changes in water temperature.

Earth science researchers are seeking a wide-angle lens to visualise entire ecosystems, ocean features or atmospheric fronts in images that cover a wide geographical area, but the level of detail depends on the satellite's spatial resolution: a city might fill an entire image or appear as a mere dot on the landscape.

When interpreting satellite images, distinct patterns help to identify the main features. Bodies of water such as rivers, lagoons and the ocean tend to have unique shapes. Circles or rectangles stand out from the random patterns seen in nature and are common on farms. Straight lines are almost certainly man-made and may be roads, canals or some kind of boundary made visible by the land use.

The colours in an image are associated with the type of light that the satellite sensor has measured. "True colour" images use visible light in red, green and blue that resemble what a person would see from space. Images in "false colours" incorporate infrared light and can take on unexpected hues. Water absorbs light and can therefore look black or dark blue. Sediments reflect light and colour the water. When the sand or mud in suspension is dense, the water looks brown. As the sediment disperses, the colour changes to green and then blue. Phytoplankton colours the water in shades of blue and green and organic matter causes a yellowish tinge, especially in estuaries.

The dynamics of the land use and land cover in a river basin affect the quantity and quality of the water flowing into estuaries and bays in the coastal zone. The input of organic matter from the continent, suspended sediments and other materials transported by rivers generates bio-optical complexity and adds complexity to marine biogeochemical cycles. Many of these variations can be seen in satellite images.

The Sea Seen from Space presents a set of images covering the Brazilian coast from north to south, illustrating environmental, social, cultural and historical aspects. Visible and near-infrared spectral bands were used in colour compositions, then digitally edited to highlight features of interest. A huge volume of data was processed, requiring a compatible computing infrastructure and the use of digital image processing software by a specialised technical team.

However, we emphasize that satellites are much more than fantastic technological instruments orbiting in space around the Earth; they are a useful tool that plays a crucial role in how our daily lives are structured. They have revolutionised the way we interact with the world around us, transmitting images from all over the globe, allowing us to investigate it through online maps and other visual resources, making our lives easier, more convenient and more connected.

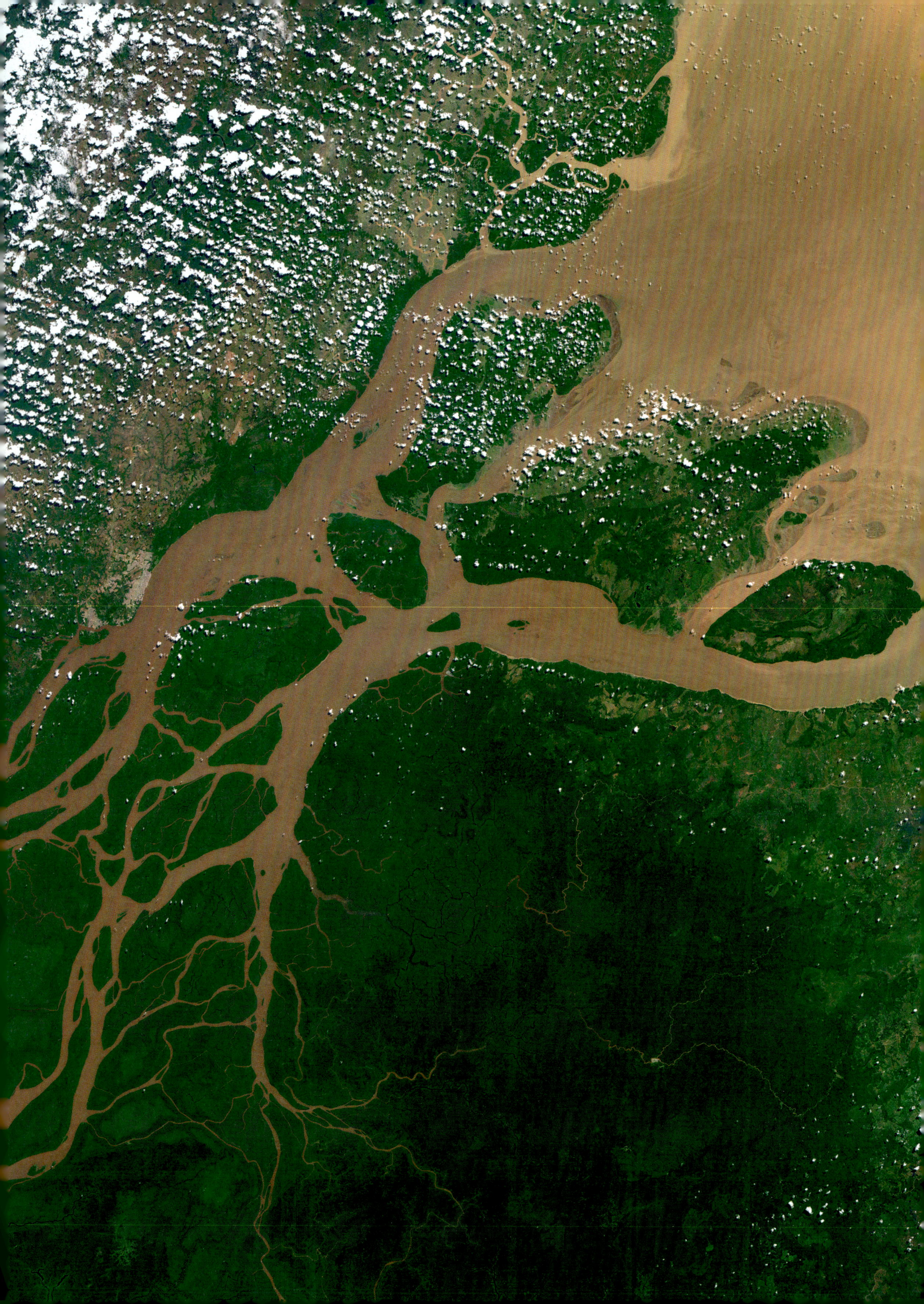

Imagens

Images

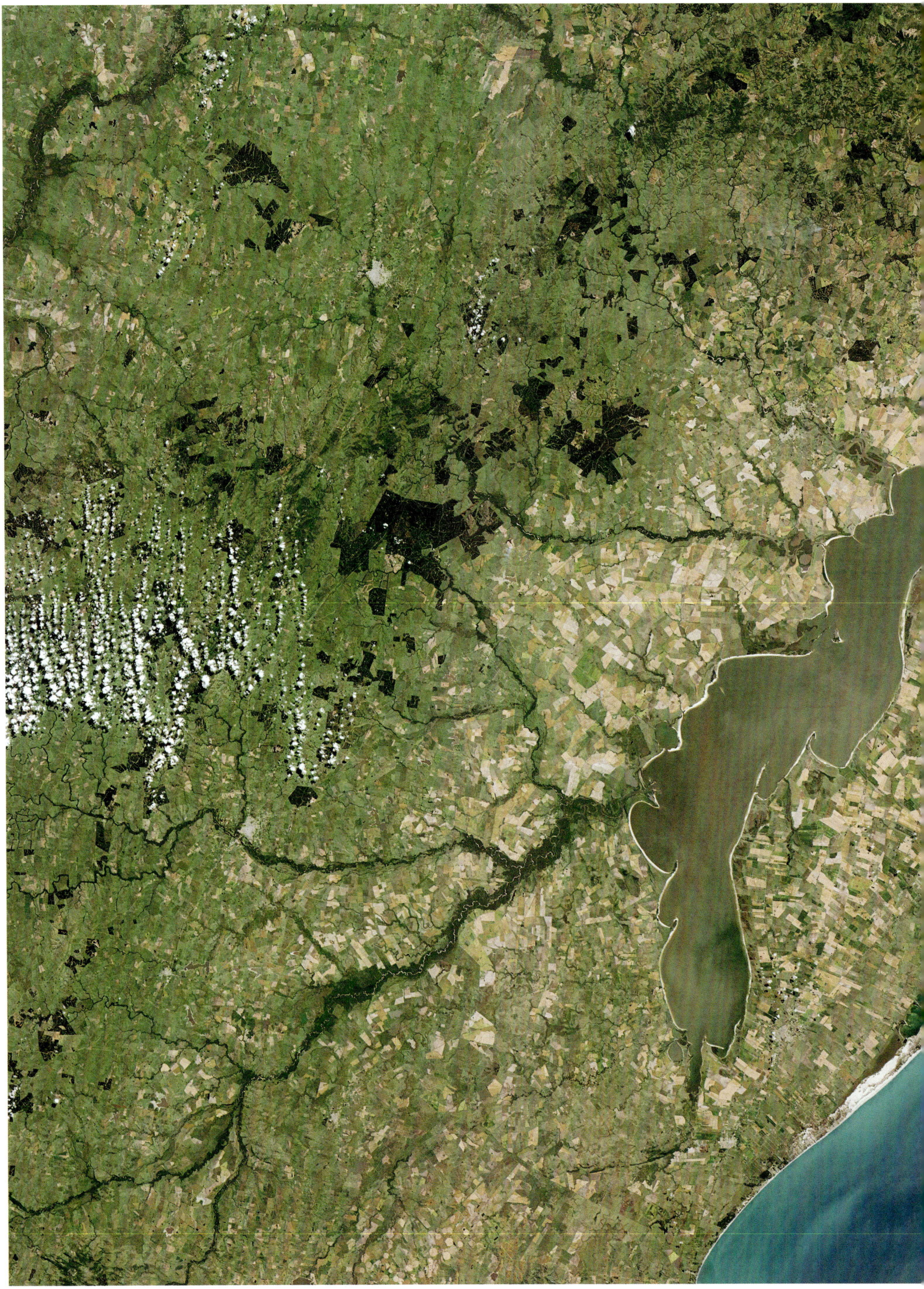

Lagoa Mirim

Rio Grande do Sul

CBERS-4A, WFI, 06/abr/2022, Inpe

pp. 18-19

Localizada na fronteira entre o Brasil, mais especificamente no Rio Grande do Sul, e o Uruguai, é a maior lagoa do Brasil, uma vez que a Lagoa dos Patos é uma laguna. Drena uma bacia hidrográfica transfronteiriça de aproximadamente 62.250 km², com águas compartilhadas. Nos dois países, há predominância de agricultura e pecuária no seu entorno, mas o turismo também é uma fonte importante de renda. O lado uruguaio é procurado por praticantes de kitesurfe pelas condições favoráveis de vento entre a primavera e o início do inverno. No lado brasileiro e a leste da lagoa, situa-se a Estação Ecológica do Taim, unidade de conservação tombada pela Unesco como Reserva da Biosfera, com alta diversidade de fauna e flora. Os banhados do Taim se caracterizam por diferentes ecossistemas representados por praias lagunares e marinhas, lagoas, pântanos, campos, cordões e campos de dunas. Também é conhecida como ponto de pouso, descanso e nidificação de aves migratórias. **M.K.**

Mirim Lagoon

Rio Grande do Sul

CBERS-4A, WFI, 06/Apr/2022, INPE

p. 18-19

Located on the border between Brazil, more specifically in Rio Grande do Sul, and Uruguay, this is the largest lake in Brazil, since Patos is a lagoon. It drains a transboundary river basin that covers approximately 62,250 km², with shared waters. Agriculture and livestock farming are prevalent in both countries, but tourism is also an important source of revenue. The Uruguayan side is popular with kitesurfers due to the favourable wind conditions between spring and early winter. On the Brazilian side and to the east of the lake is the Taim Ecological Station, a protected area listed by UNESCO as a Biosphere Reserve, home to highly diverse fauna and flora. The Taim marshes are characterised by different ecosystems represented by freshwater and sea beaches, lakes, swamps, grasslands, beach ridges and dune fields. It is also known as a landing, resting and nesting point for migratory birds. **M.K.**

Lagoa dos Patos

Rio Grande do Sul

Amazonia-1, WFI, 26/maio/2021, Inpe
pp. 22-23

É a maior laguna costeira do tipo estrangulado do mundo e importante fonte de água doce na zona costeira adjacente ao Oceano Atlântico Sudoeste. Suas águas tem altos teores de material em suspensão, matéria orgânica dissolvida e clorofila. A hidrodinâmica é forçada pelo vento, precipitação e descarga de rios. Ela drena uma bacia hidrográfica de 200.000 km^2 e conecta-se com o oceano através de um canal em seu estuário na extremidade sul. A mistura de água doce e salgada gera condições físico-químicas que governam os processos ecológicos. Áreas abrigadas oferecem proteção e alimento para o crescimento e a reprodução de peixes e crustáceos, tornando o ambiente produtivo e com potencial pesqueiro. Perto do estuário estão as cidades de Rio Grande e São José do Norte. A sudoeste, a Lagoa dos Patos conecta-se à Lagoa Mirim pelo Canal de São Gonçalo que passa em Pelotas. A noroeste está o lago Guaíba, que banha Porto Alegre e, a nordeste, fica a Lagoa do Casamento. **M.K.**

Patos Lagoon

Rio Grande do Sul

Amazonia-1, WFI, 26/May/2021, INPE
pp. 22-23

This is the world's largest choked coastal lagoon and an important source of fresh water in the coastal zone adjacent to the Southwestern Atlantic Ocean. Its waters are characterized by high levels of suspended sediments, dissolved organic matter and chlorophyll concentrations. The hydrodynamics are forced by wind, precipitation and river discharge. It drains a 200,000-km^2 catchment basin and connects to the ocean via a channel in its estuary at the southern end. The mixture of fresh and salt water generates physical and chemical conditions that govern the ecological processes. Sheltered areas offer protection and food for the growth and reproduction of fish and crustaceans, creating a productive environment with fishing potential. Close to the estuary are the cities of Rio Grande and São José do Norte. To the south-west, the Patos Lagoon is connected to the Mirim Lagoon by the São Gonçalo Channel, which passes through Pelotas. To the north-west is Lake Guaíba, which bathes Porto Alegre, and to the north-east the the Casamento Lagoon. **M.K.**

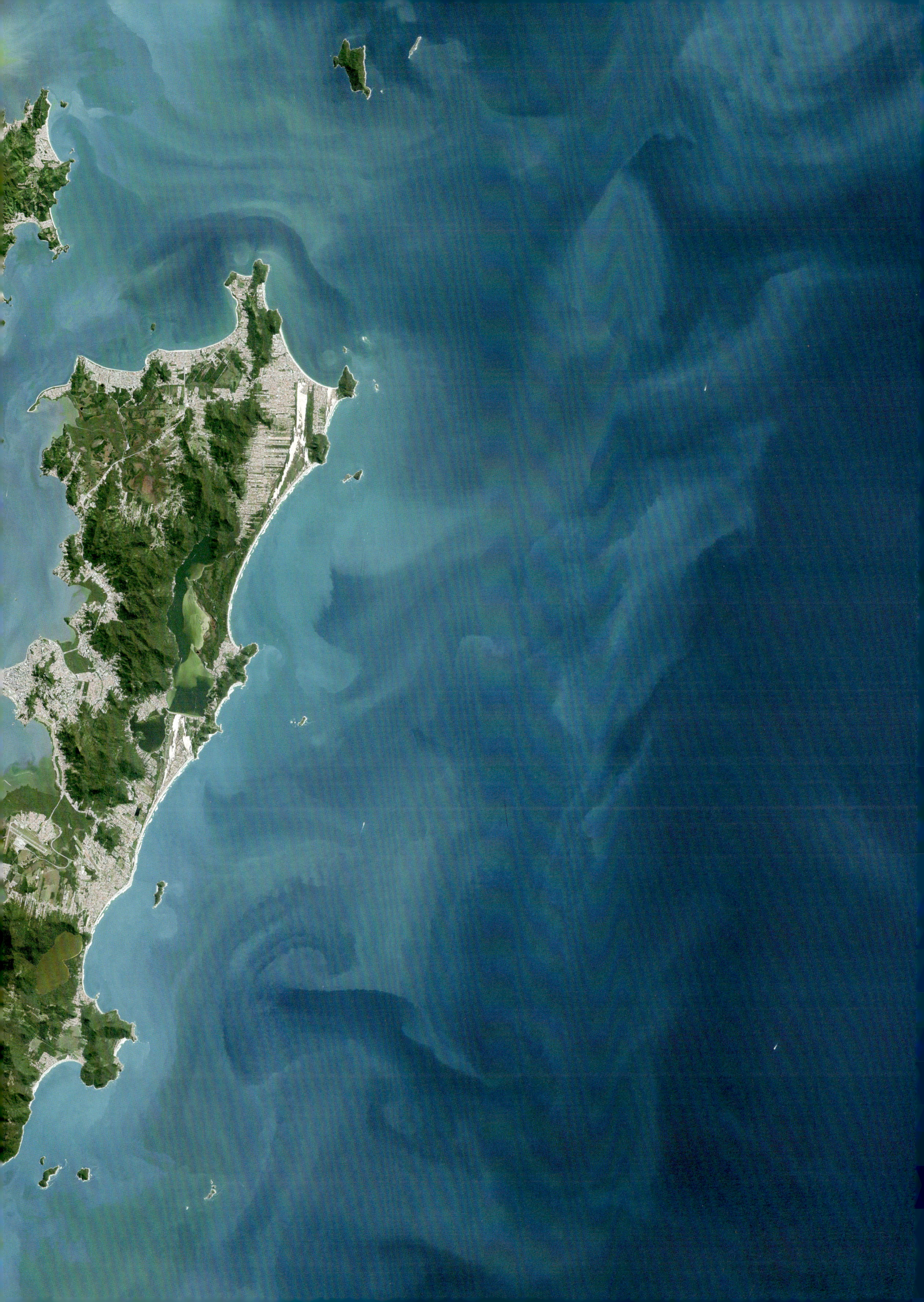

Ilha de Santa Catarina

Santa Catarina

Sentinel-2B, MSI, 08/jun/2023, ESA

pp. 24-25

Situa-se no litoral central do estado, sendo a maior de um arquipélago formado por 47 ilhas menores. Sua característica é ser longa e estreita, com geomorfologia costeira recortada apresentando praias, enseadas, mangues, dunas, restingas, pontões rochosos, além de lagoas e montanhas em seu interior. Possui mais de cem praias, algumas famosas como a da Joaquina, Mole, Barra da Lagoa, a leste; e Jurerê, Canasvieiras e Ingleses, ao norte, com características diferentes de temperatura da água, arrebentação das ondas e tipo de terreno. Algumas são agitadas e muito procuradas e outras são tranquilas vilas de pescadores, como a Armação e Pântano do Sul. O espírito açoriano personaliza a ilha com vilarejos ricos em tradição e história resistindo à modernidade. A arquitetura colonial, a culinária, o folclore e os barcos de pesca, juntos com a riqueza e diversidade de ecossistemas estimulam o turismo crescente e atraem recursos, compensando a ausência de indústrias. **M.K.**

Santa Catarina Island

Santa Catarina

Sentinel-2B, MSI, 08/Jun/2023, ESA

pp. 24-25

The island is located on the state's central coast and is the largest of an archipelago made up of 47 smaller islands. It has the characteristic of being long and narrow, with a jagged coastal geomorphology featuring beaches, coves, mangroves, dunes, restingas, rocky landforms, as well as inland lagoons and mountains. It boasts more than one hundred beaches, some of which are famous, such as Joaquina, Mole and Barra da Lagoa to the east; and Jurerê, Canasvieiras and Ingleses to the north, with different water temperatures, waves and terrain. Some are bustling and very popular and others are quiet fishing villages, such as Armação and Pântano do Sul. The Azorean spirit gives the island its unique persona, with villages rich in tradition and history that resist modernity. Colonial architecture, cuisine, folklore and fishing boats, together with the wealth and diversity of ecosystems, stimulate the growing tourism and attract resources, compensating for the absence of industries. **M.K.**

Baía Babitonga

Santa Catarina

Sentinel-2B, sensor MSI, 19/abr/2023, ESA

pp. 28-29

Localiza-se no litoral norte do estado, cercada pelos municípios de Joinville, São Francisco do Sul, Itapoá, Balneário Barra do Sul, Garuva e Araquari. É um dos estuários mais importantes de Santa Catarina, sendo conhecida por suas paisagens, pela diversidade marinha, pela sua grande área de manguezal, pelo seu potencial marítimo, pela pesca tradicional e também pelo patrimônio histórico, os sambaquis e as construções históricas de São Francisco do Sul. Este município abriga um porto natural que é o sexto maior do Brasil em movimentação de contêineres. As características naturais fazem da baía Babitonga um refúgio de peixes, aves e golfinhos, com condições favoráveis à pesca, ao turismo e às atividades econômicas de grande porte desenvolvidas na região. Conta com duas Unidades de Conservação estaduais e nove municipais, mas que apresentam áreas menores que 5.000 ha e concentradas em Joinville. **M.K.**

Babitonga Bay

Santa Catarina

Sentinel-2B, MSI, 19/Apr/2023, ESA

pp. 28-29

This bay is situated on the north coast of the state, surrounded by the municipalities of Joinville, São Francisco do Sul, Itapoá, Balneário Barra do Sul, Garuva and Araquari. It is one of the most important estuaries in Santa Catarina and is known for its landscapes, marine diversity, extensive mangrove area, maritime potential, traditional fishing and also for its historical heritage, the *sambaquis* and historical buildings of São Francisco do Sul. This municipality is home to a natural port that is the sixth largest in Brazil in terms of container handling. The natural characteristics of Babitonga Bay make it a haven for fish, birds and dolphins, with favourable conditions for fishing, tourism and large-scale economic activities in the region. The bay has two state-managed and nine municipal Protected Areas, but each with areas smaller than 5,000 ha and concentrated in Joinville. **M.K.**

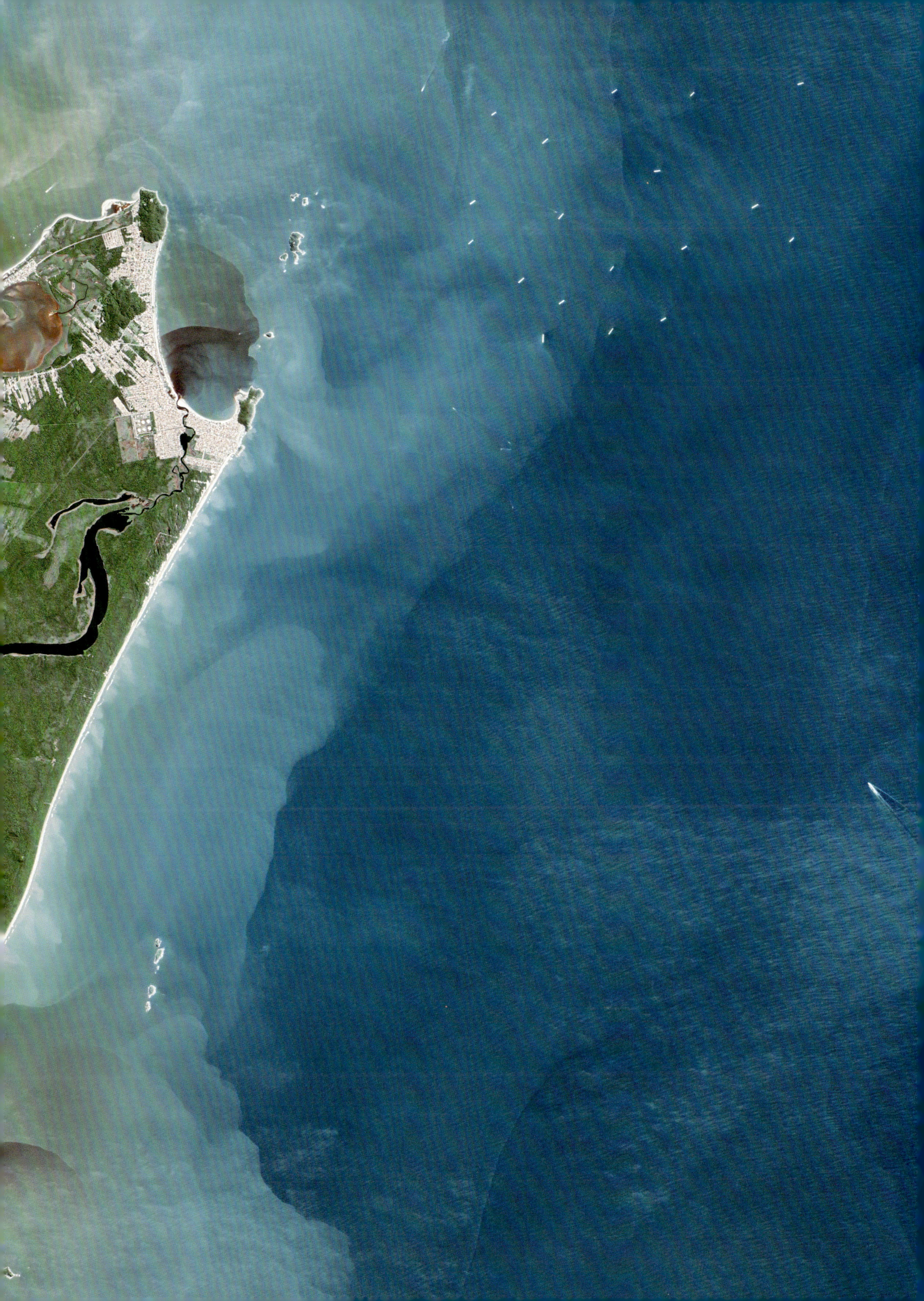

Paranaguá e Ilha do Mel

Santa Catarina

Sentinel-2B, MSI, 19/abr/2023, ESA

pp. 30-31 e à esquerda

Abriga diversas atividades socioeconômicas, uma extensa área de Mata Atlântica e ecossistemas de importância ecológica, como manguezais, marismas e dunas. É berço de uma grande riqueza da fauna e da flora, sendo uma reserva tombada pela Unesco. Divide-se em baía de Paranaguá e de Antonina, no sentido leste-oeste, e baía das Laranjeiras, Guaraqueçaba e Pinheiros, no sentido norte-sul. Engloba enseadas como a do Benito, Itaquí e Medeiros e a Ilha do Mel, um dos principais pontos turísticos do litoral sul. O estuário faz ligação direta com o mar através dos canais Galheta, Sueste e Superagui, e tem influência da maré. Abriga os portos paranaenses, como o de Paranaguá, um dos mais importantes do país, e outras atividades econômicas como a pesca, o turismo e as indústrias. Possui também, grande diversidade cultural, e é habitado por povos e comunidades tradicionais, como os índios guaranis, caiçaras, quilombolas, caboclos e migrantes. **M.K.**

Cananéia-Iguape

São Paulo

Sentinel-2B, MSI, 30/mar/2023, ESA

pp. 34-35

O litoral sul do estado tem remanescentes florestais e geomorfológicos bem conservados, como o Complexo Estuarino-Lagunar de Cananéia-Iguape, Patrimônio Natural da Humanidade pela Unesco. Esse sistema tem uma estrutura fisionômica que restringe a ação direta do mar, com duas ligações: ao norte, por um canal – Mar Pequeno, barra de Icapara, e no sul, por dois canais – mar de Cananéia e mar de Trapandé, que circundam a ilha de Cananéia e desembocam pelas barras de Cananéia e do Ararapira. As condições estuarinas ocorrem devido às barras existentes, com o aporte de água marinha diluído pelo rio Ribeira do Iguape e outros pequenos rios que ali deságuam. A predominância de manguezais propicia um criadouro natural para diversas espécies marinhas, e a área é reconhecida pela União Internacional para a Conservação da Natureza como de grande importância para a produtividade marinha do Atlântico Sul. **M.K.**

Paranaguá Bay and Ilha do Mel

Santa Catarina

Sentinel-2B, MSI, 19/Apr/2023, ESA

pp. 30-31 and to the left

This area is home to various socio-economic activities, a vast stretch of Atlantic Forest and ecologically important ecosystems such as mangroves, salt marshes and dunes. It is also a UNESCO-listed reserve where a wealth of wildlife flourishes. It is divided into the Paranaguá and Antonina bays, from east to west, and Laranjeiras, Guaraqueçaba and Pinheiros bays, from north to south. It features coves such as Benito, Itaquí and Medeiros and Ilha do Mel, one of the main tourist attractions on the south coast. The estuary is directly connected to the sea via the Galheta, Sueste and Superagui channels, and is influenced by the tide. Paraná's ports are also located here, such as Paranaguá, one of the most important in the country, as well as other economic activities such as fishing, tourism and industrial plants. It also has great cultural diversity and is inhabited by traditional peoples and communities such as the Guarani Indians, *caiçaras, quilombolas, caboclos* and migrants. **M.K.**

Cananéia-Iguape

São Paulo

Sentinel-2B, MSI, 30/Mar/2023, ESA

pp. 34-35

The south coast of the state has well-preserved forest and geomorphological remnants, such as the Cananéia-Iguape Estuarine-Lagoon Complex, a UNESCO World Natural Heritage Site. This system has a physiognomic structure that restricts the direct action of the sea, with two connections: to the north, by a channel – Mar Pequeno, Icapara bar, and to the south, by two channels – Cananéia sea and Trapandé sea, which surround the island of Cananéia and flow into the Cananéia and Ararapira bars. The estuarine conditions are caused by the existing bars, with the seawater diluted by the Ribeira do Iguape River and other small rivers that flow into it. The predominance of mangroves provides a natural breeding ground for various marine species, and the area is recognised by the International Union for Conservation of Nature as being of great importance for the marine productivity of the South Atlantic. **M.K.**

Cananéia

São Paulo

Sentinel-2B, MSI, 30/mar/2023, ESA

O litoral sul paulista se interliga com a baía de Paranaguá pelo canal do Varadouro formando um complexo estuarino-lagunar de rara beleza, com baías, praias, mangues, ilhas e rios. A barra de Cananéia, entre todas existentes no Complexo Estuarino-Lagunar de Cananéia-Iguape, é a de maior influência marinha no estuário. Em Cananéia, a pesca industrial é responsável por cerca de 70% da produção pesqueira total, ainda que a pesca artesanal responda por 85% dos pescadores.

A pesca amadora vem crescendo em importância no turismo da região, mas é apontada como problema pelos pescadores artesanais pela disputa por recursos e uso de petrechos não autorizados. A região é a principal produtora de ostras no estado de São Paulo, e o recurso mais importante explorado pelos pescadores artesanais. Cananéia é considerada por alguns historiadores a cidade mais antiga do Brasil, mas, por falta de documentação, o título é oficialmente de São Vicente. **M.K.**

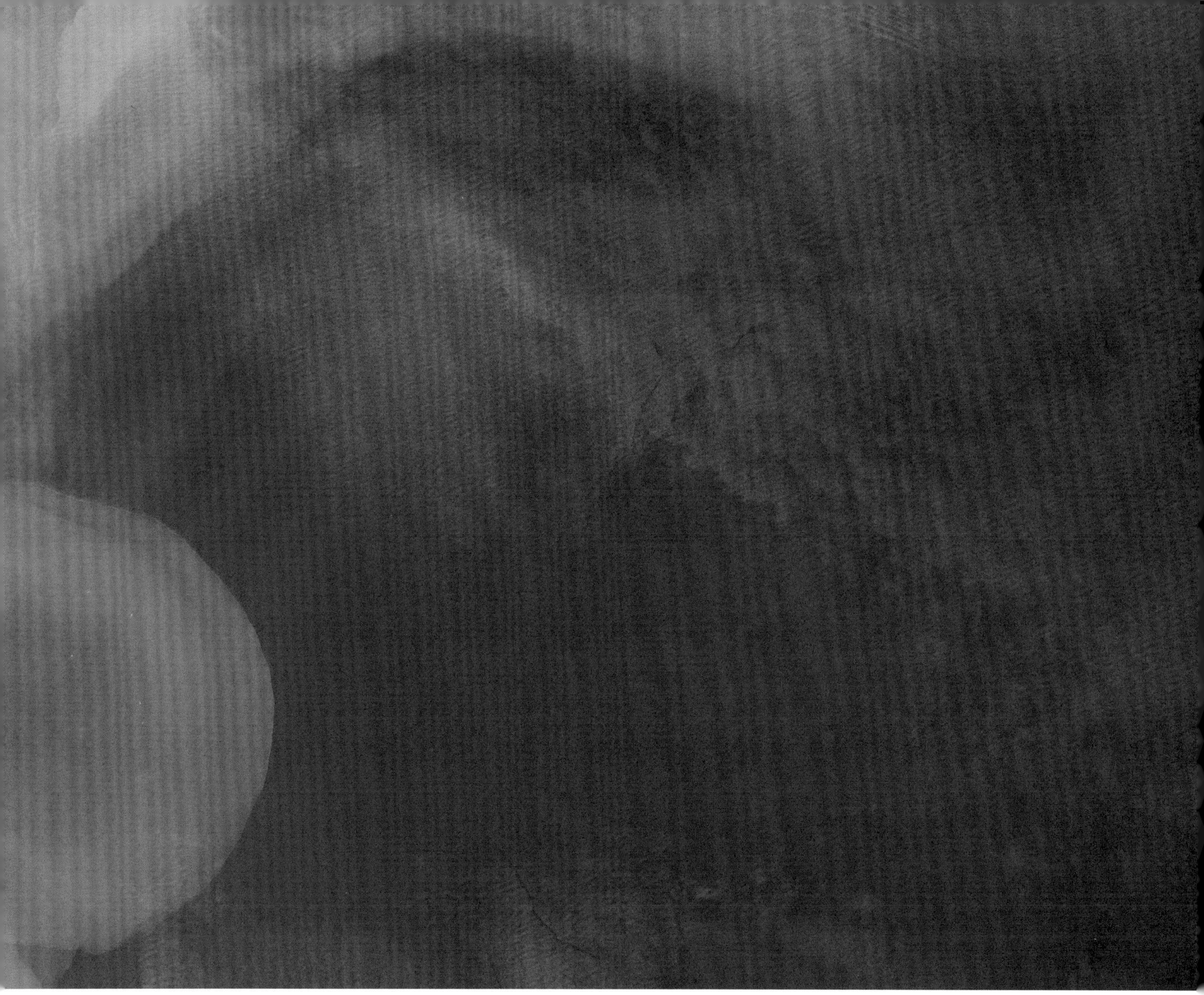

Cananéia

São Paulo

Sentinel-2B, MSI, 30/Mar/2023, ESA

The south coast of São Paulo is linked to the bay of Paranaguá by the Varadouro canal, forming an estuarine-lagoon complex of rare beauty, with bays, beaches, mangroves, islands and rivers. Of all the bars in the Cananéia-Iguape Estuarine-Lagoon Complex, the Cananéia bar exerts the greatest marine influence on the estuary. In Cananéia, industrial fishing accounts for around 70% of the total fishing production, even though artisanal fishing accounts for 85% of fishermen.

Amateur fishing has become increasingly important for tourism in the region, but artisanal fishermen point to it as a problem because of the dispute over stocks and the use of unauthorised fishing gear. This region is the leading producer of oysters in the state of São Paulo, the most significant fishing stock exploited by artisanal fishermen. Cananéia is considered by some historians to be the oldest city in Brazil, but due to a lack of documentation, that title is officially held by São Vicente. **M.K.**

Santos

São Paulo

Sentinel-2B, MSI, 21/maio/2022, ESA

pp. 38-39

O Sistema Estuarino de Santos está localizado na região metropolitana da Baixada Santista, uma zona costeira densamente povoada na costa sudeste do Brasil. Consiste em três canais estuarinos – Santos, São Vicente e Bertioga – conectados na porção interna da área. Abriga o maior porto da América Latina – Porto de Santos – e um dos maiores complexos industriais da costa brasileira – Cubatão. Tem grande concentração urbana, com muitos assentamentos precários. A região é amplamente povoada e explorada devido à expansão econômica durante o século XX. O esgoto doméstico é descartado por meio de um emissário submarino no centro da baía de Santos. Esgotos clandestinos nas bordas dos canais também são fonte de eutrofização das águas. As margens do estuário são ocupadas em sua maioria por manguezais, mas a região da baía de Santos é coberta por substratos de costões rochosos, com grandes bancos de bivalves. As atividades humanas há muito impactam o meio ambiente na região. **M.K.**

Santos

São Paulo

Sentinel-2B, MSI, 21/May/2022, ESA

pp. 38-39

The Santos Estuarine System is located in the metropolitan region of Baixada Santista, a densely populated coastal area on the south-east coast of Brazil. It consists of three estuarine channels – Santos, São Vicente and Bertioga – connected inland. It is home to the largest port in Latin America – the Port of Santos – and one of the largest industrial complexes on the Brazilian coast – Cubatão. It has a high urban concentration, with numerous precarious settlements. The region is largely populated and exploited due to economic expansion in the 20th century. Domestic sewage is discharged through a submarine outfall in the centre of the Santos Bay. Clandestine sewage on the edges of canals is also a source of eutrophication. The shores of the estuary are mostly occupied by mangroves, but the Santos Bay region is covered by rocky shore substrates with extensive banks of bivalves. Human activities have long had an environmental impact in the region. **M.K.**

São Sebastião, Ilhabela e Caraguatatuba

São Paulo

Sentinel-2A, MSI, 05/jul/2022, ESA

pp. 42-43

O Litoral Norte do estado abrange as cidades de São Sebastião, Ilhabela, Caraguatatuba e Ubatuba. Caracteriza-se pela diversidade de recursos naturais e alto potencial turístico, ameaçados pela especulação imobiliária, parcelamento irregular do solo, pesca predatória e atividades portuárias e náuticas. São Sebastião é a cidade mais antiga, oferecendo atrações naturais, culinária caiçara e infraestrutura comercial, com 70% de sua área protegida por unidades de conservação como o Parque Estadual da Serra do Mar. Seu centro guarda um preservado casario colonial. Ilhabela é um dos únicos municípios-arquipélagos marinhos brasileiros, formado por 19 ilhas, ilhotes e lajes. A Ilha de São Sebastião é a maior, onde fica a sede administrativa, com 84% de sua área coberta por Mata Atlântica preservada no Parque Estadual de Ilhabela. Tem história rica em lendas de piratas e corsários, e hoje é roteiro turístico consolidado, com eventos náuticos reconhecidos internacionalmente. Caraguatatuba tem boa infraestrutura que qualifica e destaca a economia local. **M.K.**

São Sebastião, Ilhabela and Caraguatatuba

São Paulo

Sentinel-2A, MSI, 05/Jul/2022, ESA

pp. 42-43

The state's North Coast includes the cities of São Sebastião, Ilhabela, Caraguatatuba and Ubatuba. It is characterised by a diversity of natural resources and high potential for tourism, threatened by real estate speculation, irregular land parcelling, predatory fishing and port and nautical activities. São Sebastião is the oldest town, offering natural attractions, *caiçara* [traditional community] cuisine and commercial infrastructure, with 70% of its area guarded by protected areas such as the Serra do Mar State Park. The town centre is home to preserved colonial houses. Ilhabela is one of Brazil's only marine archipelago municipalities, made up of 19 islands and islets. São Sebastião Island is the largest, where the administrative centre is located, with 84% of its area covered by preserved Atlantic Forest in the Ilhabela State Park. With a rich history of legendary pirates and privateers, today it is a well-established tourist destination with internationally recognised sailing events. Caraguatatuba has a good infrastructure that qualifies and highlights the local economy. **M.K.**

Saco do Mamanguá

Paraty, Rio de Janeiro

Earth Scanner (Jilin-1KF01A), MSI, 06/jul/2023, CG

página à direita

No município de Paraty, ao sul do litoral fluminense e quase na divisa com São Paulo, localiza-se o saco do Mamanguá, uma ria, ou seja, um vale fluvial costeiro afogado na forma de um braço de mar. Tem oito quilômetros de extensão e dois de largura em média. Há 15.000 anos, durante a última glaciação do planeta, o nível do mar estava cerca de 120 metros abaixo do atual. Na época, os rios corriam bem abaixo, erodindo o seu leito por onde passavam e moldando esse vale profundo. Com o fim da era glacial, os oceanos se encheram novamente e foram pouco a pouco afogando esses vales, formando as rias. Na parte central superior da imagem, observa-se o vilarejo de Paraty-Mirim e, na porção inferior, o fundo do saco do Mamanguá, uma área totalmente preservada. **D.Z.**

Mamanguá Cove

Paraty, Rio de Janeiro

Earth Scanner (Jilin-1KF01A), MSI, 06/Jul/2023, CG

page to the right

Located in the municipality of Paraty, on the south coast of Rio de Janeiro state and almost on the border with São Paulo, Mamanguá Cove is a *ria* — an arm-shaped drowned coastal river valley. It is eight kilometres long and has an average width of two kilometres. 15,000 years ago, during the planet's last glaciation, the sea level was around 120 metres lower than it is today. At the time, the rivers flowed far below, eroding their beds wherever they passed and moulding this deep valley. With the end of the ice age, the oceans rose again and gradually drowned these valleys, forming the rias. In the top centre of the image, the village of Paraty-Mirim and, in the lower part, the end of Mamanguá Cove, a totally preserved area. **D.Z.**

Fundo do Saco do Mamanguá

Paraty, Rio de Janeiro

Earth Scanner (Jilin-1KF01A), MSI, 06/jul/2023, CG

pp. 46-47

A denominação Mamanguá na cultura indígena significa "lugar de comer". A abundância de peixes no local deve-se à extensa área de manguezal localizada no fundo desse fiorde tropical. Os inúmeros rios transportando matéria orgânica do continente e serpenteando os manguezais conseguem manter a vitalidade da produtividade primária. Essas áreas úmidas funcionam como um verdadeiro berçário da vida marinha. A visão espacial mostra a interação entre o continente e o mar permitindo o entendimento do serviço ambiental realizado pelo percurso das águas naturais e o processo de filtragem promovido pela vegetação de mangue. Esse equilíbrio, conquistado por meio de um longo período de gestação, representa o patrimônio ambiental oculto, mais bem percebido pela extensão da visão espacial. **D.Z.**

Bottom End of Mamanguá Cove

Paraty, Rio de Janeiro

Earth Scanner (Jilin-1KF01A), MSI, 06/Jul/2023, CG

pp. 46-47

The name Mamanguá in indigenous culture means "place to eat". The abundance of fish here is due to the extensive mangrove area located at the end of this tropical fjord. The countless rivers carrying organic matter from the mainland and winding through the mangroves maintain the vitality of the primary productivity. These wetlands act as a veritable nursery for marine life. The spatial view shows the interaction between the land and sea, allowing us to understand the environmental service provided by the natural water course and the filtering process promoted by the mangrove vegetation. This balance, achieved through a long gestation period, represents the hidden environmental heritage, better grasped through the extended lens of spatial vision. **D.Z.**

Saco do Fundão e Ilha do Algodão

Paraty, Rio de Janeiro

Earth Scanner (Jilin-1KF01A), MSI, 06/jul/2023, CG

A aproximação da Serra do Mar ao litoral sul do estado do Rio de Janeiro promove uma linha de costa entrecortada e pontilhada por inúmeras ilhas. Na região de Paraty, é a serra da Bocaina que configura a presença de escarpas íngremes, entrecortada por bacias sedimentares e vales. A riqueza das formas faz surgir pequenos estuários protegidos, diversas embocaduras de rios e promontórios que tornam a região muito acidentada e diversa. Na porção inferior da imagem vislumbra-se a entrada do Saco do Fundão pontilhada por ilhas e afloramentos cristalinos e, à direita, a Ilha do Algodão. **D.Z.**

Fundão Cove and Algodão Island

Paraty, Rio de Janeiro

Earth Scanner (Jilin-1KF01A), MSI, 06/Jul/2023, CG

The approach of the Serra do Mar mountain range along the south coast of the state of Rio de Janeiro creates a coastline dotted with numerous islands. In the Paraty region, the Bocaina mountain range is characterised by steep escarpments, interspersed with sedimentary basins and valleys. The wealth of forms gives rise to small protected estuaries, various river mouths and headlands that give the region a very rugged and diverse aspect. In the lower part of the image is the mouth of the Fundão Cove dotted with islands and crystalline outcrops and, to the right, Algodão Island. **D.Z.**

Intersecção do Litoral de São Paulo e do Rio de Janeiro

Sentinel-2A/MSI, 14/ago/2022, ESA
pp. 50-51

O lado esquerdo da imagem mostra o litoral de São Paulo destacando-se as praias de Ubatumirim e da Fazenda, na parte inferior. No lado direito, está o município de Paraty. Destaca-se o litoral entrecortado com inúmeras praias, pequenas enseadas, ilhas, rias e estuários. Tais feições costeiras têm espelhos d'água abrigados e oferecem excelentes condições para a navegação e a pesca artesanal. O relevo acidentado e íngreme na porção continental impediu os assentamentos humanos, daí a razão da preservação da cobertura vegetal predominantemente de Mata Atlântica, cuja densidade e exuberância proporcionam a existência dos muitos rios que descem as encostas carreando sedimentos e restos da decomposição orgânica da floresta. Ao se misturarem com as águas calmas da baía de Ilha Grande, formam desenhos em forma de vórtices. **D.Z.**

São Paulo and Rio de Janeiro Shoreline Intersection

Sentinel-2A/MSI, 14/Aug/2022, ESA
pp. 50-51

The left-hand side of the image shows the São Paulo coastline, with the beaches of Ubatumirim and Fazenda standing out at the bottom. On the right-hand side is the municipality of Paraty. The coastline is interspersed with countless beaches, small coves, islands, rias and estuaries. These coastal features have sheltered waters and offer excellent conditions for boating and artisanal fishing. The rugged, steep terrain onshore has prevented human settlements, hence the reason for the preservation of the predominantly Atlantic Rainforest vegetation cover — a dense and lush environment that gives rise to several rivers that flow down the slopes carrying sediment and decomposed organic matter from the forest. When they mix with the calm waters of Ilha Grande Bay, they form vortex-shaped patterns. **D.Z.**

Paraty
Rio de Janeiro

Earth Scanner (Jilin-1KF01A), MSI, 06/jul/2023, CG
pp. 54-55

Paraty ou Pirati na língua Tupi significa "peixe-branco". Trata-se de um peixe muito abundante e apreciado pelos índios Goianás, antigos habitantes da região. Paraty, uma das mais antigas cidades do Brasil, é conhecida como a cidade do ouro, mas também do café e da cachaça. Foi fundada em 1531 em função de suas águas abrigadas que favoreciam o fundeio das caravelas portuguesas responsáveis por levar as riquezas do Brasil colônia para Portugal. Paraty fez e ainda faz parte do Caminho do Ouro que se conectava a Ouro Preto, nas Minas Gerais. Atualmente, é um destino turístico de destaque no litoral fluminense. As belezas naturais, ilhas e cachoeiras paradisíacas, matas originais preservadas e as condições náuticas de suas águas qualificam o turismo da região. A cidade abriga um conjunto de edificações históricas e uma infraestrutura náutica invejável, conforme mostra a imagem orbital. Na parte inferior à direita, veem-se os contornos da porção interna do Saco do Fundão, outro acidente geográfico notável. **D.Z.**

Paraty
Rio de Janeiro

Earth Scanner (Jilin-1KF01A), MSI, 06/Jul/2023, CG
pp. 54-55

Paraty or Pirati in the Tupi language means "white fish". This highly abundant fish was appreciated by the Goianás Indians, the region's ancient inhabitants. Paraty, one of the oldest cities in Brazil, is known as the city of gold, but also of coffee and *cachaça*. It was founded in 1531 due to its sheltered waters, ideal for the anchoring of the Portuguese caravels on which the riches of colonial Brazil were taken to Portugal. Paraty was and still is part of the Gold Trail, connecting it to Ouro Preto in Minas Gerais. Today, it is a leading tourist destination on the Rio de Janeiro coast. The natural beauty, paradisaic islands and waterfalls, preserved original forests and local sea conditions lend themselves to tourism in the region. The city is home to a number of historic buildings and an enviable nautical infrastructure, as the aerial image shows. At the bottom right, one can see the contours of the internal part of the Fundão Cove, another notable landform. **D.Z.**

Ilha Grande

Rio de Janeiro

Sentinel-2B/MSI, 18/maio/2022, ESA

pp. 56-57

A Ilha Grande é um sentinela que guarda as entradas para as baías de Ilha Grande, à esquerda, e Sepetiba, à direita da imagem. A coloração diferenciada das águas internas da baía de Sepetiba evidencia uma maior influência de águas continentais contaminadas se comparadas às da baía de Ilha Grande. Três praias se destacam na porção sul da Ilha Grande voltada para o oceano Atlântico em função da visibilidade e da largura somada à faixa de arrebentação das ondas. À esquerda, as praias Leste e Demo e, à direita, Lopes Mendes. Percebe-se que o relevo da Ilha Grande é bastante pronunciado e acidentado. O pico da Pedra d'Água (1.031 m), na sua parte central, e o pico do Papagaio (982 m), mais à direita, são seus pontos mais elevados. Na porção sul da ilha foi construído um presídio, Instituto Penal Cândido Mendes, anteriormente denominado Colônia Penal de Dois Rios localizado na praia homônima. Um dos mais famosos detentos foi o escritor Graciliano Ramos que descreveu em 1935 a sua estada na obra autobiográfica *Memórias do cárcere*. **D.Z.**

Ilha Grande

Rio de Janeiro

Sentinel-2B/MSI, 18/May/2022, ESA

pp. 56-57

Ilha Grande is a sentry keeping guard of the two entrances to the bays of Ilha Grande on the left and Sepetiba on the right. The different colouring of the internal waters of Sepetiba bay reveals a stronger influence of contaminated continental waters compared to those of the Ilha Grande bay. Three beaches stand out in the southern part of Ilha Grande, facing the Atlantic Ocean, due to their visibility and width, along with the wave break. On the left, the beaches Leste and Demo and, on the right, Lopes Mendes. The relief of Ilha Grande is noticeably pronounced and rugged. The Pedra d'Água peak (1,031 m), at its centre, and the Papagaio peak (982 m), further to the right, are its highest points. Also, in the southern part of the island, a prison was built, the Cândido Mendes Penal Institute, formerly known as the Dois Rios Penal Colony, located on the beach of the same name. One of the most famous inmates was the writer Graciliano Ramos, who described his stint there in 1935 in his autobiographical work *Memórias do cárcere* (Prison Memoirs). **D.Z.**

Angra dos Reis

Rio de Janeiro

Earth Scanner (Jilin-1KF01A), MSI, 06/jul/2023, CG

pp. 60-61

O relevo íngreme da Serra do Mar no entorno da baía de Angra dos Reis explica o adensamento urbano nas restritas áreas de planície costeira espremidas entre o mar e as montanhas. No canto inferior à esquerda da imagem estão as praias Brava e de Itaorna, local onde se instalou a única usina nuclear brasileira e a vila construída para receber os seus funcionários. À direita, situa-se a cidade de Angra dos Reis, cuja expansão foi moldada pelo relevo acidentado. A malha urbana irregular também acompanhou o traçado da rodovia BR-101 (Rio-Santos) bem como as planícies costeiras existentes aos pés das montanhas sinuosas. É marcante nessa baía a profusão de ilhas que pontilham seu espelho d'água como resultado dos inúmeros afloramentos cristalinos da Serra do Mar. **D.Z.**

Angra dos Reis

Rio de Janeiro

Earth Scanner (Jilin-1KF01A), MSI, 06/Jul/2023, CG

pp. 60-61

The steep terrain of the Serra do Mar mountain range around the bay of Angra dos Reis explains the urban densification in the restricted areas of coastal plain squeezed between the sea and the mountains. In the bottom left-hand corner of the picture are the Brava and Itaorna beaches, the site of Brazil's only nuclear power plant and the village built to house its employees. On the right is the city of Angra dos Reis, whose expansion was moulded by the craggy terrain. The irregular urban fabric also followed the route of the BR-101 (Rio–Santos) highway as well as the coastal plains at the foot of the winding mountains. What is striking about this bay is the profusion of islands dotted around the water as a result of the countless crystalline outcrops of the Serra do Mar mountain range. **D.Z.**

Baía de Sepetiba

Rio de Janeiro

Sentinel-2B/MSI, 18/maio/2022, ESA

pp. 62-63

A imagem explica a forte contaminação de suas águas por meio da presença de inúmeras manchas de poluição na foz dos principais rios que nela deságuam. O rio Guandu atravessa numerosos municípios populosos das Baixadas de Sepetiba e Fluminense até lançar suas águas poluídas na baía. Nesse ponto, forma-se uma pluma de contaminação no espelho d'água na porção central. A diferença da coloração entre as águas da baía e do mar fornece a real dimensão do problema. O tecido urbano, por sua vez, permite visualizar a densa ocupação da bacia drenante de Sepetiba que, somada à carência de infraestrutura urbana de saneamento e de drenagem pluvial, explica a rápida degradação ambiental que esse corpo d'água vem sofrendo desde 1980. **D.Z.**

Sepetiba Bay

Rio de Janeiro

Sentinel-2B/MSI, 18/May/2022, ESA

pp. 62-63

The image explains the heavy contamination of its waters through the presence of numerous spots of pollution at the mouths of the main rivers that flow into it. The Guandu River crosses several populated municipalities in the Sepetiba and Fluminense lowlands until it empties its polluted waters into the bay. At this point, a plume of contamination forms in the middle of the water. The difference in colour between the waters of the bay and the sea indicates the real scale of the problem. The urban fabric, in turn, allows us to visualise the dense occupation of the Sepetiba drainage basin which, together with the lack of urban sanitation and rainwater drainage infrastructure, explains the rapid environmental degradation that this body of water has suffered since 1980. **D.Z.**

Ilhas de Itacuruçá, dos Martins e da Madeira

Rio de Janeiro

Earth Scanner (Jilin-1KF01A), MSI, 06/jul/2023, CG

A vocação para a indústria naval e os terminais marítimos pode ser constada nessa imagem. Junto do continente, vê-se a ilha da Madeira, onde está instalada a base naval de submarinos da Marinha do Brasil. Contíguos a ela, localizam-se o porto de Itaguaí e os terminais de minério da Companhia Vale do Rio Doce e da Companhia Portuária de Sepetiba (CPBS). Na extrema direita, o longo terminal da Siderúrgica Ternium Brasil surge para alcançar o profundo canal central da baía de Sepetiba, por onde adentram os navios de grande calado. Nesse mesmo ponto, situa-se a foz do rio Guandu, onde se vislumbra uma enorme pluma de contaminação oriunda das águas drenadas da baixada de Sepetiba. A densa ocupação urbana da planície costeira de Sepetiba, sem infraestrutura plena, provoca o lançamento de resíduos domésticos e industriais não tratados nos rios e permite seu acesso ao espelho d'água da baía. **D.Z.**

Itacuruçá, Martins and Madeira Islands

Rio de Janeiro

Earth Scanner (Jilin-1KF01A), MSI, 06/Jul/2023, CG

The vocation for the shipbuilding industry and marine terminals can be seen in this image. Just off the mainland is the island of Madeira, where the Brazilian Navy's submarine base is located. Next to it are the port of Itaguaí and the ore terminals of Companhia Vale do Rio Doce and Companhia Portuária de Sepetiba (CPBS). On the far right, the long terminal of Siderúrgica Ternium Brasil emerges to reach the deep central channel of the Sepetiba Bay, through which large vessels enter. At the same point is the mouth of the Guandu River, where a huge plume of contamination can be seen coming from the waters drained from the Sepetiba lowlands. The dense urban occupation of the Sepetiba coastal plain, still lacking full infrastructure, causes untreated domestic and industrial waste to be discharged into the rivers and allows it access to the bay waters. **D.Z.**

Restinga da Marambaia

Rio de Janeiro

Earth Scanner (Jilin-1KF01A), MSI, 06/jul/2023, CG

Ao longo dessa faixa arenosa de quase 40 quilômetros composta por dunas, lagoas, mangues e uma vegetação de praia única, uma tênue faixa de areia separa o oceano Atlântico da baía de Sepetiba. Na parte interna observa-se uma faixa de tonalidade das águas mais claras indicando a mobilidade de sedimentos em suspensão propiciada pelas correntes circulares e internas da baía. Além da diferença de cor entre o mar e o espelho da baía, caracterizando a qualidade diversa das águas, observa-se que as faixas de arrebentação entre as ondas do mar e da baía têm larguras diferentes. Tal fato demonstra a maior energia do mar, que necessita de uma largura mais ampla para a dissipação de suas ondas do que as águas no interior da baía, praticamente paradas. Nas manchas brancas na porção da restinga, à direita da imagem, é possível ver o acúmulo de sedimentos trazidos pelo mar e empurrados pelos ventos predominantes formando as dunas frontais do litoral. Esse estoque de sedimentos ajuda na proteção contra o ataque do mar conferindo maior resiliência ao cordão litorâneo da Marambaia. **D.Z.**

Marambaia Sandbank

Rio de Janeiro

Earth Scanner (Jilin-1KF01A), MSI, 06/Jul/2023, CG

This almost 40 kilometre-long sandy strip is made up of dunes, lagoons, mangroves and unique beach vegetation. Along it, a thin strip of sand separates the Atlantic Ocean from the Sepetiba bay. A band of lighter-coloured water on the inner side indicates the mobility of suspended sediments caused by the circular and internal currents of the bay. In addition to the difference in colour between the sea and bay waters, which characterises the different water quality, it can be seen that the breaks between the waves of the sea and of the bay have different widths. This demonstrates the greater energy of the sea, which requires more width to dissipate its waves than the waters inside the bay, which are practically still. The white patches on the right portion of the sandbank indicate the build-up of sediment brought in by the sea and pushed by the prevailing winds, forming the frontal dunes of the coast. This stock of sediment helps to protect the Marambaia sand beach ridge from the aggressive sea, making it more resilient. **D.Z.**

Litoral Sul e Leste do Rio de Janeiro

Amazônia-1/WFI, 13/jul/2023, Inpe

A linha de costa sul fluminense muda bruscamente de leste-oeste para norte-sul no litoral leste do estado do Rio de Janeiro, o que altera também a coloração de suas águas. Os contornos geográficos do litoral fluminense com certeza interferem no padrão de circulação das águas costeiras e consequentemente na sua mistura: daí a coloração diferenciada, indicando maior ou menor presença de sedimentos em suspensão ou organismos marinhos microscópicos na sua coluna d'água. No centro da imagem, destaca-se a enorme mancha urbana da região metropolitana do Rio de Janeiro onde está concentrada pouco mais de 80% de toda a população do estado. Vê-se claramente a desproporção da distribuição demográfica no estado. Olhos mais atentos perceberão que o relevo acidentado do litoral praticamente concentrou a expansão urbana nas baixadas costeiras, mais planas e de mais fácil acesso. À esquerda da imagem, o verde da Mata Atlântica preservada do litoral norte de São Paulo, cuja ocupação foi impedida pelo encontro da Serra do Mar com o oceano. **D.Z.**

Rio de Janeiro's South and East Shoreline

Amazônia-1/WFI, 13/Jul/2023, INPE

The southern coastline of Rio de Janeiro changes direction abruptly from east-west to north-south in the eastern portion of the state's shoreline, which also alters the colour of its waters. The geographical contours of the Rio de Janeiro coast certainly affect the coastal water circulation pattern and consequently how the waters mix: hence the distinctive colouration, indicating a greater or lesser presence of suspended sediments or microscopic marine organisms in the water column. At the centre of the image, the huge urban sprawl of the metropolitan region of Rio de Janeiro stands out, where just over 80% of the state's entire population is concentrated. One can clearly see the disproportionate demographic distribution in the state. More attentive eyes will note that the rugged terrain along the coast has meant that urban occupation is largely concentrated in the coastal lowlands, which are flatter and more easily accessible. On the left of the image, the green of the preserved Atlantic Forest on the north coast of São Paulo, whose occupation was prevented by the encounter of the Serra do Mar mountain range with the ocean. **D.Z.**

Baía de Guanabara

Rio de Janeiro

Sentinel-2B/MSI, 23/abr/2021, ESA

Trata-se da terceira maior baía do Brasil em área molhada, atrás apenas das baías de Todos os Santos e de Paranaguá. Nessa imagem, percebem-se as diversas tonalidades de suas águas. A porção à esquerda, que recebe grande parte das águas servidas dos municípios do Rio de Janeiro e da Baixada Fluminense, destacando-se o rio Pavuna, apresenta inúmeras manchas acinzentadas. Um pouco acima, localiza-se a saída do rio Iguaçu, que drena extensas áreas densamente ocupadas da Baixada Fluminense. Nesse local, além da poluição por efluentes domésticos, há o agravante do lançamento de lixo, que contribui para o assoreamento da foz do rio. Já ao fundo e à direita da baía, aonde chegam as águas drenadas da enorme área de manguezal protegida pela Estação Ecológica da Guanabara, a coloração torna-se mais marrom, mostrando uma predominância de material orgânico e siltoso. Se comparada à coloração azulada das águas oceânicas, a diferença é ainda mais marcante. É fácil perceber que os rios que drenam as áreas populosas são os que mais contribuem com a contaminação, pois promovem o acesso dos poluentes à baía de Guanabara. A poluição que adentra a baía a partir das suas margens é bem menor do que a aportada pelos rios. **D.Z.**

Guanabara Bay

Rio de Janeiro

Sentinel-2B/MSI, 23/Apr/2021, ESA

This is the third largest bay in Brazil in terms of wet area, behind only the Todos os Santos (All Saints) and Paranaguá bays. This image illustrates the different colours of its waters. The portion to the left, which receives a large part of the waste water from the municipalities of Rio de Janeiro and the Baixada Fluminense, notably via the Pavuna River, has numerous greyish spots. A little further up is the outlet of the Iguaçu River, which drains large areas of the densely populated Baixada Fluminense. Here, in addition to pollution from domestic effluents, there is the aggravating factor of garbage dumping, which contributes to the siltation of the river mouth. Towards the bottom and to the right of the bay, where the water drains from the huge mangrove area protected by the Guanabara Ecological Station, the colour becomes browner, showing a predominance of organic and silty material. Compared to the bluish colour of ocean waters, the difference is even more striking. It is easy to see that the rivers that drain populated areas are the most contaminating, since they promote access for pollutants to Guanabara Bay. Pollution of the bay from its own shores is far less significant than that contributed by the rivers. **D.Z.**

Ponte Rio–Niterói

Rio de Janeiro

Earth Scanner (Jilin-1KF01A), MSI, 02/jun/2020, CG
pp. 72-73

Uma das razões para as águas calmas da baía de Guanabara, que ofereceram abrigo às primeiras caravelas e, consequentemente, permitiram o trânsito com Portugal desde a chegada dos europeus, são os estreitamentos na boca da baía. Uma delas, conforme mostra a imagem, situa-se entre o aeroporto Santos Dumont, no Rio de Janeiro e o *campus* do Gragoatá da Universidade Federal Fluminense, em Niterói. O traçado da ponte aproveitou esse estreitamento geográfico e se posicionou nas imediações. Entretanto, ficou suficientemente distante para não interferir no cone de aproximação/decolagem da pista do aeroporto. Dois dos mais importantes serviços ambientais fornecidos pela baía são a navegação e o porto seguro para atracar as embarcações. Contudo, a rápida e intensa ocupação das margens sem infraestrutura urbana para impedir a entrada de lixo e efluentes domésticos acarreta o assoreamento do seu leito, com perda da profundidade que dá acesso aos navios de porte. Destaca-se a quantidade de embarcações, portos e terminais que praticamente ocupam toda a margem disponível e criada da baía. **D.Z.**

Rio–Niterói Bridge

Rio de Janeiro

Earth Scanner (Jilin-1KF01A), MSI, 02/Jun/2020, CG
pp. 72-73

One of the reasons for the calm waters of Guanabara Bay, which offered shelter to the first caravels and consequently allowed transit with Portugal since the arrival of the Europeans, are the narrows at the mouth of the bay. One of them, as shown in the image, is located between Santos Dumont airport in Rio de Janeiro and the Gragoatá campus of the Fluminense Federal University in Niterói. The bridge was routed to take advantage of this geographical narrowing and positioned in the immediate vicinity. However, it was far enough away so as not to interfere with aircraft landing on and taking off from the airport runway. Two of the most important environmental services provided by the bay are navigation and a safe harbour for mooring vessels. However, the rapid and intense occupation of the shores without the infrastructure required to prevent garbage and domestic waste being disposed into the bay has led to the siltation of its bed, with a loss of the depth that allows access to large ships. A remarkable number of vessels, ports and terminals occupy practically the entire available and created margin of the bay. **D.Z.**

Barra da Baía de Guanabara

Rio de Janeiro

Earth Scanner (Jilin-1KF01A), MSI, 02/jun/2020, CG

pp. 76-77

Historicamente, o valor estratégico da baía de Guanabara para os navegantes que alcançavam o Brasil estava nas suas águas calmas e abrigadas que davam suporte à navegação ao longo da costa e acesso ao continente. Os portugueses precisavam proteger suas cidades litorâneas que serviam de entreposto para o envio das riquezas exploradas a Portugal e defendê-las das incursões dos piratas franceses e corsários ingleses. Na entrada da baía, vê-se o estrangulamento do canal central. No lado do Rio de Janeiro, ergue-se o morro Cara de Cão, onde se instalou a fortaleza de São João. No lado oposto, a fortaleza de Santa Cruz, construída no século XVII sobre um afloramento cristalino. A distância da garganta entre as duas fortalezas é de 1.700 metros, permitindo que ambas tivessem pleno domínio das embarcações que pretendessem adentrar as águas da Guanabara. Vê-se também que, com a presença dos afloramentos rochosos na boca da baía, formam-se enseadas e pequenas praias encapsuladas, como as praias de Fora e Vermelha, no lado carioca, do Forte de Rio Branco e de Imbuhy, no lado de Niterói. **D.Z.**

Bar of the Guanabara Bay

Rio de Janeiro

Earth Scanner (Jilin-1KF01A), MSI, 02/Jun/2020, CG

pp. 76-77

Historically, the strategic value of Guanabara Bay for the explorers who reached Brazil lay in its calm and sheltered waters, which supported seafaring along the coast and access to the mainland. The Portuguese needed to protect their coastal towns, which served as an entrepôt for shipping the exploited riches to Portugal, and to defend themselves from the incursions of French pirates and English privateers. At the entrance to the bay, you can see the bottleneck of the central channel. On the Rio de Janeiro side, there is the Cara de Cão hill, where the fortress of São João was installed. On the opposite side is the fortress of Santa Cruz, built in the 17th century on a crystalline rock outcrop. The distance of the gorge between the two fortresses is 1,700 metres, allowing them both to have full control over any vessels wishing to enter the Guanabara waters. It can also be seen that, along with the presence of rocky outcrops at the mouth of the bay, coves and small encapsulated beaches are formed, such as the beaches of Fora and Vermelha on the Rio de Janeiro side, and Forte de Rio Branco and Imbuhy on the Niterói side. **D.Z.**

Niterói e Lagoas Litorâneas

Rio de Janeiro

Earth Scanner (Jilin-1KF01A), MSI, 06/jul/2023, CG

pp. 78-79

Na região oceânica de Niterói situam-se as praias de Piratininga e de Camboinhas, que represam as lagoas de Piratininga e de Itaipu. Observa-se a diferença das manchas entre os espelhos d'água. Na lagoa de Piratininga, cuja faixa marginal de proteção foi invadida e ocupada, há maior acesso dos poluentes urbanos ao corpo lagunar. Por outro lado, a faixa marginal da lagoa de Itaipu encontra-se preservada e funciona como um verdadeiro filtro natural, fornecendo um serviço ambiental de depuração dos efluentes urbanos que permite ao espelho d'água lagunar estar livre de manchas e em melhores condições de salubridade ambiental. A existência dessa faixa de transição do meio antrópico para o natural no planejamento urbano é extremamente saudável para o equilíbrio ambiental dos ecossistemas costeiros. A melhoria da qualidade das águas das lagoas costeiras pressionadas pela ocupação do seu entorno está atrelada à aprimoração da capacidade de renovação de suas águas. A revitalização e a manutenção das aberturas e dos canais de ligação com o mar aumentam as trocas hídricas e promovem maior resiliência do corpo lagunar contra a ameaça da poluição urbana. O desenvolvimento sustentável das zonas costeiras urbanizadas depende dessas iniciativas. **D.Z.**

Niterói and Coastal Lagoons

Rio de Janeiro

Earth Scanner (Jilin-1KF01A), MSI, 06/Jul/2023, CG

pp. 78-79

In the oceanic region of Niterói are the beaches of Piratininga and Camboinhas, which dam the Piratininga and Itaipu lagoons. The difference between the stains on the two bodies of water is clear. In the Piratininga lagoon, whose marginal protection strip has been invaded and occupied, urban pollutants are discharged into the water. On the other hand, the marginal strip of the Itaipu lagoon is preserved and functions as a true natural filter, providing an environmental service that purifies urban waste, leaving the water free of stains and in more environmentally salubrious conditions. The existence of this transition strip from the anthropogenic to the natural environment in urban planning is extremely healthy for the environmental balance of coastal ecosystems. Improving the water quality of coastal lagoons under the pressure of occupation of their surroundings is linked to a better renewal capacity of their waters. The revitalisation and maintenance of the openings and channels connecting to the sea increase water exchange and promote greater resilience of the lagoon against the threat of urban pollution. The sustainable development of urbanised coastal zones depends on these initiatives. **D.Z.**

Lagoa de Guarapina

Rio de Janeiro

Earth Scanner (Jilin-1KF01A), MSI, 06/jul/2023, CG

pp. 82-83

Situa-se no município de Maricá e pertence ao sistema lagunar Maricá-Guarapina, composto por diversas lagoas, incluindo a de Maricá, a do Padre e a de Guarapina. A vegetação da região é composta por fragmentos de Mata Atlântica, restingas e manguezais. Nas áreas de proteção ambiental de Maricá, Serra da Tiririca e Lagoa de Maricá, há diversas trilhas e cachoeiras. A região também possui praias oceânicas que são atrativos para lazer e cultura, como Itaipuaçu e Ponta Negra. Guarapina, evidenciada na imagem, tem espelho d'água de aproximadamente 6 km^2 e faz conexão com o mar pelo canal de Ponta Negra, onde ocorre a troca d'água entre os sistemas marinho e lagunar. No litoral adjacente, a dinâmica costeira é determinada principalmente pela ação das ondas que, associada ao regime local de maré, possibilita o surgimento de cordões arenosos intermitentes ao longo da linha de praia. Além da pesca e agricultura, a expansão urbana na região impulsionou o turismo, aquecendo a economia local. **E.N.O.**

Guarapina Lagoon

Rio de Janeiro

Earth Scanner (Jilin-1KF01A), MSI, 06/Jul/2023, CG

pp. 82-83

It is located in the municipality of Maricá and belongs to the Maricá-Guarapina lagoon system, which consists of several lagoons, including Maricá, Padre and Guarapina. The regional vegetation is made up of fragments of Atlantic Forest, restingas and mangroves. In the environmental protection areas of Maricá, Tiririca Mountain Range and Maricá Lagoon there are several trails and waterfalls. The region also features ocean beaches, such as Itaipuaçu and Ponta Negra, which attract visitors for leisure and culture. Guarapina, shown in the image, is a roughly 6 km^2 body of water connected to the sea by the Ponta Negra channel, where water is exchanged between the marine and lagoon systems. On the adjacent coast, the coastal dynamics are mainly determined by wave action which, combined with the local tidal regime, allows intermittent sand beach ridges to appear along the shoreline. In addition to fishing and agriculture, urban expansion in the region has boosted tourism, stimulating the local economy. **E.N.O.**

Região dos Lagos e Lagoa de Araruama

Rio de Janeiro
Sentinel-2B, MSI, 07/jul/2022, ESA
pp. 84-85

A Região dos Lagos compreende desde o município de Saquarema até Armação dos Búzios. É caracterizada por uma variedade de ecossistemas, como restinga, manguezal, floresta de Mata Atlântica e outras variantes em localidades mais áridas, como a savana-estépica. Tem rica diversidade cultural e artística, resultado da mescla de sua herança indígena, colonização portuguesa, tradições pesqueiras e influências contemporâneas. A lagoa de Araruama é a maior da Região dos Lagos é a segunda maior hipersalina do mundo, com uma área de cerca de 220 km². A elevada salinidade resulta da combinação de altas taxas de evaporação, baixa pluviosidade e pouca conexão com o mar. Historicamente, a lagoa tem sido fundamental para a economia local, especialmente para a pesca e a produção de sal. As salinas de Araruama foram, por muito tempo, uma das principais fontes de sal do Brasil. A área oceânica ao redor é marcada pela ressurgência de Cabo Frio, que traz à superfície águas profundas, mais frias e nutritivas, beneficiando a atividade pesqueira e resultando em um clima mais árido comparado à média estadual. A região costeira destaca-se pelas belas praias e águas claras, conferindo ao município de Arraial do Cabo o título de Capital Brasileira do Mergulho. A praia de Itaúna, localizada no município de Saquarema, é conhecida como "Maracaña do Surfe", palco das principais competições nacionais e internacionais do surfe profissional. Com uma atmosfera cosmopolita, a cidade de Búzios abriga diversos eventos culturais como festivais de cinema e música. **E.N.O.**

Lake Region and Araruama Lagoon

Rio de Janeiro
Sentinel-2B, MSI, 07/Jul/2022, ESA
pp. 84-85

The Lake Region stretches from the municipality of Saquarema to Armação dos Búzios. It is characterised by a variety of ecosystems, such as restinga, mangroves, Atlantic rainforest and other variants in more arid locations, such as the steppe-like savannah. The rich cultural and artistic diversity of the region results from a mixture of its indigenous heritage, Portuguese colonisation, fishing traditions and contemporary influences. The Araruama Lagoon is the largest in the Lake Region and the second largest hypersaline lagoon in the world, covering an area of around 220 km². The substantial salinity is due to a combination of high evaporation rates, low rainfall and limited connection to the sea. Historically, the lagoon has been fundamental to the local economy, especially for fishing and salt production. The Araruama salt flats were for a long time one of the main sources of salt in Brazil. The surrounding ocean area is marked by the Cabo Frio upwelling, which brings deep, colder and more nutritious waters to the surface, benefiting fishing activity and resulting in a more arid climate compared to the state average. The coastal region is known for its beautiful beaches and clear waters, earning the municipality of Arraial do Cabo the title of Scuba Diving Capital of Brazil. Itaúna beach, located in the municipality of Saquarema, is nicknamed the "Maracaña of Surfing", as it stages the main national and international professional surfing competitions. With its cosmopolitan atmosphere, the city of Búzios is home to various cultural events such as film and music festivals. **E.N.O.**

Foz do Rio Doce

Espírito Santo

Sentinel-2B, MSI, 11/dez/2022, ESA

pp. 88-89

Trata-se do maior manancial de água doce do estado do Espírito Santo e principal rio que deságua na sua costa. Exerce papel vital nos ecossistemas marinhos aportando nutrientes e sedimentos para a planície costeira. Os sedimentos alimentam os cordões arenosos litorâneos constantemente erodidos pelas ondas. Os nutrientes ajudam a suportar a produtividade marinha, a biodiversidade e os recursos pesqueiros. A bacia hidrográfica sofre impactos naturais, como intensa precipitação e enchentes, e antropogênicos, como desmatamento e construção de barragens. Em novembro de 2015, enfrentou o pior desastre ambiental da história recente do Brasil com o rompimento da barragem de rejeitos de Fundão, em Minas Gerais. Além de perdas humanas, a lama contaminada causou danos ambientais, sociais e econômicos sem precedentes, chegando à foz do rio e comprometendo o consumo de água doce, a pesca, o turismo, a desova de tartarugas marinhas e a saúde dos ecossistemas. **M.K.**

Mouth of the Doce River

Espírito Santo

Sentinel-2B, MSI, 11/Dec/2022, ESA

pp. 88-89

This is the largest source of fresh water in the state of Espírito Santo and the main river that flows into its coast. It plays a vital role in marine ecosystems, bringing nutrients and sediment to the coastal plain. The sediments feed the sand beach ridges, which are constantly eroded by the waves. Nutrients help support the marine productivity, biodiversity and fishing stocks. The river basin is subject to both natural impacts, such as heavy rainfall and flooding, and anthropogenic impacts, such as deforestation and the installation of dams. In November 2015, it faced the worst environmental disaster in Brazil's recent history with the collapse of the Fundão tailings dam in Minas Gerais. In addition to human losses, the contaminated mud caused unprecedented environmental, social and economic damage, reaching the mouth of the river and compromising freshwater consumption, fishing, tourism, sea turtle spawning and the health of ecosystems. **M.K.**

Ilha da Trindade
Espírito Santo
WorldView-3, 09/abr/2021, Maxar
à esquerda

Situada cerca de 1.200 km a leste de Vitória, essa ilha vulcânica emerge do leito submarino a mais de 5.000 m de profundidade, tendo pouco mais de 9 km^2 de área. Foi descoberta em 1501 pelo navegador português João da Nova. É considerada habitada graças ao Posto Oceanográfico da Ilha da Trindade (Poit), mantido pela Marinha do Brasil e criado em 1957. Esse fato permite que o Brasil circunscreva sob seu domínio uma área marinha de 200 milhas náuticas (370 km) de raio, segundo a Convenção das Nações Unidas para os Direitos do Mar (CNUDM). O relevo acidentado foi moldado pela erupção de diversas saídas de magma ao longo de milhares de anos de sua formação – pesquisadores já contabilizaram pelo menos cinco. Sua altitude máxima é de 587 m, no pico Sapé, localizado na parte central. Além disso, a diversidade de cores da sua superfície denuncia a presença de solo formado por vários tipos de sedimentos trabalhados pelo mar ou pelas rochas magmáticas das erupções. **D.Z.**

Trindade Island
Espírito Santo
WorldView-3, 09/Apr/2021, Maxar
to the left

Located about 1,200 km east of Vitória, this volcanic island rises from the seabed at a depth of more than 5,000 m, covering just over 9 km^2. It was discovered in 1501 by the Portuguese explorer João da Nova. It is considered inhabited thanks to the Trindade Island Oceanographic Post (POIT), maintained by the Brazilian Navy and created in 1957. This allows Brazil to circumscribe under its domain a marine area of 200 nautical miles (370 kilometres) in radius, according to the United Nations Convention on the Law of the Sea (UNCLOS). The rugged relief was moulded by the eruption of several magma vents over thousands of years of its formation – researchers have already counted at least five. The island's maximum altitude is 587 m, at Sapé peak, located in the central part. Furthermore, the diverse colours on its surface reveal the presence of soil formed by different types of sediment developed through the action of the sea or of magmatic rocks from eruptions. **D.Z.**

Porção Sudeste, Ilha da Trindade
Espírito Santo
WorldView-3, 09/abr/2021, Maxar
pp. 92-93

O mais notável dos cinco centros vulcânicos da ilha é o vulcão Paredão, na porção a sudeste, cuja coloração ferrugem indica a presença de óxidos ferrosos, formado há aproximadamente 50.000 anos. Exposto à ação do mar, sofre forte intemperismo que promove a exposição do material magmático da sua formação. Sulcos erosivos na vertente mais íngreme, a leste, iniciam o processo de desagregação do morro, que tem pouco menos de 200 m na parte mais elevada. Mais acima, localiza-se a praia da Tartaruga – uma extensa área propícia para a desova de tartarugas marinhas. Para o projeto Tamar, trata-se do maior ponto de desova das tartarugas-verdes do Brasil. Na parte central, ao sul, está a praia do Príncipe, acessível tão somente por uma trilha íngreme por entre os morros. Os tons multicoloridos – vermelho, cinza, bege e preto –, presentes nas imagens, demonstram a diversidade geológica e as diferentes épocas da formação da ilha. **D.Z.**

Southeastern Stretch, Trindade Island
Espírito Santo
WorldView-3, 09/Apr/2021, Maxar
pp. 92-93

The most notable of the island's five volcanic centres is the Paredão volcano in the southeast, whose rusty colour indicates the presence of ferrous oxides. It was formed approximately 50,000 years ago. Exposed to the action of the sea, it is subject to strong weathering that exposes its constitutional magmatic matter. Erosional furrows on the steepest slope to the east begin the fragmentation process of the hill, which is just under 200 m at its highest point. Further up the coast is Tartaruga beach – an extensive area favoured by nesting sea turtles. For the Tamar project, this is the largest green turtle nesting site in Brazil. In the central part, to the south, is Príncipe beach, accessible only by a steep path through the hills. The multicoloured tones – red, grey, beige and black – observed in the images demonstrate the geological diversity and the different eras of the island's formation. **D.Z.**

Caravelas
Bahia

Sentinel-2B, MSI, 29/jul/2022, ESA

O sistema costeiro de Caravelas é uma área sujeita ao aporte fluvial difuso de diversos rios de pequeno porte como os rios Caravelas, que tem sua foz no município de Caravelas, e Peruípe (mais ao sul na imagem), com sua foz no município de Nova Viçosa. Os dois estão interligados por pequenos canais meandrantes que delimitam a Ilha de Cassurubá, e abrigam um importante ecossistema de manguezal. A transparência da água ao longo da costa está sujeita à descarga fluvial e à ação das ondas para a ressuspensão dos sedimentos costeiros. Eventualmente, dependendo da carga de material em suspensão e das correntes marinhas, a pluma pode atingir os recifes de corais (na borda leste e ao sul da imagem), reduzindo a penetração da luz na água e sufocando os corais. Na região costeira adjacente encontram-se importantes unidades de conservação, como o Complexo Recifal dos Abrolhos, a Reserva Extrativista de Cassurubá e a Área de Proteção Ambiental Ponta da Baleia. **E.N.O.**

Caravelas
Bahia

Sentinel-2B, MSI, 29/Jul/2022, ESA

The Caravelas coastal system is an area subject to diffuse fluvial inputs from several small rivers such as the Caravelas, the mouth of which is in the municipality of Caravelas, and the Peruipe (further south in the image), which flows out in the municipality of Nova Viçosa. The two are interconnected by small winding channels that delimit Cassurubá Island and feature an important mangrove ecosystem. The transparency of the water along the coast is subject to the river discharge and action of the waves which disturb the coastal sediments. Depending on the load of suspended material and the sea currents, the plume can reach the coral reefs (on the eastern and southern edges of the image), reducing the penetration of light into the water and suffocating the corals. The adjacent coastal region is home to major protected areas, such as the Abrolhos Reef Complex, the Cassurubá Extractive Reserve and the Ponta da Baleia Environmental Protection Area. **E.N.O.**

Ilhas de Tinharé e Boipeba

Bahia

Sentinel-2B/MSI, 29/jul/2021, ESA

à direita

Localizadas no município insular de Cairu, as ilhas estão inseridas na chamada Costa do Dendê, litoral baixo sul da Bahia, integrando uma Área de Proteção Ambiental. No litoral recortado estão presentes enseadas, canais de maré e recifes, assentados em depósitos costeiros compostos por arenitos, areias e mangues; canais e braços de mar, entremeados por ilhéus e microbacias hidrográficas. Em virtude do patrimônio natural, que também inclui uma porção de Mata Atlântica e restingas, a região foi reconhecida pela Unesco como Reserva da Biosfera e Patrimônio da Humanidade. Apesar da relativa baixa densidade populacional, as ilhas, que ainda contam com vilas de extrativistas, quilombolas e pescadores, são importantes destinos turísticos, contribuindo economicamente nesse setor. A pressão antrópica é refletida pela disposição de resíduos sólidos e esgoto doméstico sem tratamento, ocupação desordenada, desmatamento, retirada de areia e pesca predatória. **M.K.**

Arquipélago dos Abrolhos

Bahia

WorldView-3, 11/jun/2020, Maxar

pp. 98-99

É composto por cinco ilhas – Santa Bárbara, Redonda, Siriba, Sueste e Guarita – e situa-se 70 km a leste do município de Caravelas. Nas ilhas Redonda, Sueste e Guarita é proibido o desembarque por questões de proteção ambiental. Trata-se de um arquipélago continental, pois se encontra assentado sobre a plataforma continental e não sobre o leito abissal marinho, com é o caso das ilhas oceânicas Trindade, Martim Vaz, Atol das Rocas, Fernando de Noronha e São Paulo e São Pedro. Foi a primeira área do país a receber o título de Parque Nacional Marinho, em 1983. No entorno das ilhas, observam-se manchas claras indicando a presença de estruturas coralinas bem delineadas e definidas. Seus recifes de corais são considerados os maiores e os mais biodiversos da costa brasileira, abrigando inúmeras espécies endêmicas. **D.Z.**

Tinharé and Boipeba Islands

Bahia

Sentinel-2B/MSI, 29/Jul/2021, ESA

to the right

Located in the island municipality of Cairu, these islands are part of the Dendê Coast, on the southern shore of Bahia, and are part of an Environmental Protection Area. Along the jagged coastline there are coves, tidal channels and reefs, settled on coastal deposits made up of sandstones, sands and mangroves; channels and long narrow inlets, interspersed with islets and micro-river basins. Because of its natural heritage, which also includes a portion of the Atlantic Forest and sandbanks, the region has been recognised by UNESCO as a Biosphere Reserve and World Heritage Site. Despite the relatively low population density, the islands, which still have villages of extractive communities, *quilombolas* and fishermen, are important tourist destinations, boosting the economy through this sector. Anthropogenic pressure is reflected in the disposal of solid waste and untreated domestic sewage, disorderly occupation, deforestation, sand removal and predatory fishing. **M.K.**

Abrolhos Archipelago

Bahia

WorldView-3, 11/Jun/2020, Maxar

pp. 98-99

Composed of five islands – Santa Bárbara, Redonda, Siriba, Sueste and Guarita – the Abrolhos Archipelago is located 70 km east of the municipality of Caravelas. It is prohibited to disembark on the Redonda, Sueste and Guarita islands for environmental protection reasons. It is a continental archipelago, as it sits on the continental shelf and not on the abyssal sea bed, as is the case with the oceanic islands of Trindade, Martim Vaz, Rocas Atoll, Fernando de Noronha and São Paulo and São Pedro. It was the first area in the country to be given the title of National Marine Park in 1983. There are clear patches around the islands, indicating the presence of well-defined coral structures. Its coral reefs are considered the largest and most biodiverse on the Brazilian coast, harbouring countless endemic species. **D.Z.**

Baía de Todos os Santos

Bahia

Sentinel-2B/MSI, 20/abr/2023, ESA

à esquerda

É a maior reentrância do litoral brasileiro e a segunda maior do mundo. No período colonial, era reconhecida como um dos portos naturais com maior desempenho na exportação de açúcar para o Velho Mundo e de recepção de escravizados para o Novo Mundo. Sua larga abertura para o mar e a considerável profundidade média permitem uma relevante capacidade de penetração das águas marinhas, o que propicia uma renovação natural de suas águas. Na imagem, a pluma azul das águas marinhas preenche a maior parte das suas reentrâncias e vê-se a expressiva contribuição das águas continentais oferecidas pelos seus principais rios. O Paraguaçu, o maior rio em extensão (614 km) totalmente baiano, que deságua na porção noroeste da baía, colore suas águas em tons avermelhados em função dos sedimentos e da contaminação por esgotos e defensivos agrícolas. A exuberância natural da baía e das suas ilhas paradisíacas fazem dela um dos locais do litoral brasileiros de maior atratividade turística. **D.Z.**

Pirambu

Sergipe

DailyVision, sensor MSI, 13/mar/2023, CG

pp. 102-103

Município no litoral norte do estado, inserido na bacia hidrográfica do rio Japaratuba, com relevo representado por planícies litorâneas (dunas, várzeas e baixios pantanosos), tabuleiros costeiros e colinas. A vegetação varia entre manguezal, restinga, capoeira, caatinga, cerrado e campos. As receitas provêm da agricultura, pecuária, avicultura, mineração e pesca. A pesca é de grande importância, destacando-se a do camarão em redes de arrasto. A Reserva Biológica de Santa Isabel foi criada em 1988 com o objetivo de preservar e recuperar os ecossistemas costeiros da região. A reserva abriga o maior sítio reprodutivo brasileiro da tartaruga-oliva, sendo ainda importante área de desova de outras espécies de tartarugas, como a ameaçada tartaruga-de-pente, além de ser região de pouso e descanso de aves migratórias e apresentar uma fauna residente diversa. A primeira base do Projeto Tamar, voltado à conservação e pesquisa de tartarugas marinhas, foi instalada em 1982, em Pirambu. **M.K.**

Todos os Santos Bay

Bahia

Sentinel-2B/MSI, 20/Apr/2023, ESA

to the left

This is the largest inlet on the Brazilian coast and the second largest in the world. In the colonial period, it was recognised as one of the best natural ports for exporting sugar to the Old World and receiving slaves for the New World. Its wide opening to the sea and its considerable average depth allows for a significant seawater penetration, which favours the natural renewal of its waters. In the image, the blue plume of seawater fills most of its recesses and one can see the substantial contribution of continental waters from its main rivers. The Paraguaçu, the longest river in Bahia (614 km), which flows into the north-western part of the bay, reddens its waters due to sediment and contamination by sewage and pesticides. The natural exuberance of the bay and its paradisaic islands make it one of the most attractive tourist destinations on the Brazilian coast. **D.Z.**

Pirambu

Sergipe

DailyVision, sensor MSI, 13/Mar/2023, CG

pp. 102-103

Municipality on the north coast of the state, part of the Japaratuba river basin, with relief represented by coastal plains (dunes, floodplains and marshy shallows), coastal plateaus and hills. The vegetation varies between mangroves, restingas, *capoeira*, caatinga, cerrado and grasslands. The local revenue is generated by agriculture, livestock and poultry farming, mining and fishing. Fishing is of great importance, particularly shrimp trawling. The Santa Isabel Biological Reserve was created in 1988 with the aim of preserving and restoring the region's coastal ecosystems. The reserve is home to Brazil's largest breeding site for the olive ridley sea turtle and is also an important nesting area for other turtle species, such as the endangered hawksbill sea turtle, as well as being a landing and resting area for migratory birds and home to a diverse fauna. The first base of the TAMAR Project, aimed at sea turtle conservation and research, was set up in 1982 in Pirambu. **M.K.**

Lençóis Sergipanos e Ponta dos Mangues

Sergipe

DailyVision, MSI, 13/mar/2023, CG

Localizados entre Pirambu e Pacatuba, são dos complexos de dunas sobre a planície costeira mais expressivos do litoral norte do estado. Essa faixa litorânea é marcada por pequenos focos de urbanização onde se localiza a Reserva Biológica Santa Isabel (Rebiosi). Dunas continentais ocorrem sobre áreas dos tabuleiros costeiros. Para a sua formação, foi necessário um trânsito livre de areia advinda da planície costeira capaz de levar esses sedimentos para o local atual, galgando os tabuleiros.

Trata-se de caso geomorfológico único no litoral de Sergipe, também observado no Rio Grande do Norte e na Paraíba. Além de lagoas perenes e intermitentes, a Rebiosi é drenada pelos rios Aningas e Sapucaia. No povoado Ponta dos Mangues é observada a existência de canais, como o do Parapuca com manguezais, que recebem descarga do rio São Francisco. A carcinicultura nessa região representa uma atividade com alto potencial de degradação. **M.K.**

Sergipe's Sandsheets and Mangues Point

Sergipe

DailyVision, MSI, 13/Mar/2023, CG

Located between Pirambu and Pacatuba, these are one of the major dune complexes on the state's north coast. This coastal strip is marked by small pockets of urbanisation where the Santa Isabel Biological Reserve (REBIOSI) is located. Continental dunes occur over areas of coastal plateaus. Their formation requires the free movement of sand from the coastal plain, which can carry these sediments to their current location, leaping up the plateaus.

This is a unique geomorphological case on the coast of Sergipe, which has also been observed in Rio Grande do Norte and Paraíba. As well as perennial and intermittent lagoons, the reserve is drained by the Aningas and Sapucaia rivers. In the settlement of Ponta dos Mangues there are channels, such as the Parapuca with mangroves, which receive water from the São Francisco River. Shrimp farming in this region represents an activity with a high potential for degradation. **M.K.**

Foz do Rio São Francisco

Alagoas/Sergipe

Sentinel-2A, MSI, 13/dez/2021, ESA

Com 2.870 km de extensão, o rio nasce na Serra da Canastra, estado de Minas Gerais, e deságua no oceano Atlântico, delineando a divisa dos estados de Alagoas e Sergipe. Em sua jornada, carrega histórias e culturas diversificadas, frutos de séculos de interações entre povos indígenas, colonizadores europeus, africanos trazidos como escravos e outros migrantes. É considerado o rio de integração nacional por interligar as regiões Sudeste e Nordeste e contribuir, com suas usinas hidroelétricas e canais de transposição, para as demandas econômicas e sociais da população. A imagem ressalta a dispersão da pluma do rio na plataforma continental do nordeste brasileiro, uma área afetada pelas águas com baixo teor nutritivo da Corrente Sul Equatorial do Atlântico, que se move de leste a oeste. Próximo à foz ocorre a bifurcação da Corrente Sul Equatorial, originando as famosas Corrente do Brasil e Corrente Norte do Brasil, responsáveis pelo transporte das águas oceânicas superficiais ao longo da plataforma continental. **E.N.O.**

Mouth of the São Francisco River

Alagoas/Sergipe

Sentinel-2A, MSI, 13/Dec/2021, ESA

Stretching 2,870 km, the river emerges in the Canastra Mountain Range, in the state of Minas Gerais, and flows into the Atlantic Ocean, forming the border between the states of Alagoas and Sergipe. On its journey, it carries various histories and cultures, the result of centuries of interaction between indigenous peoples, European colonisers, Africans brought over as slaves and other migrants. Considered the river of national integration, it interconnects the southeast and northeast regions and contributes to the economic and social demands of the population with its hydroelectric power stations and water transfer canals. The image highlights the dispersion of the river plume on the continental shelf of the Brazilian northeast, an area affected by the low-nutrient waters of the South Equatorial Atlantic Current, which moves from east to west. Near its mouth, the South Equatorial Current bifurcates, giving rise to the famous Brazil Current and North Brazil Current, which are responsible for transporting surface ocean waters along the Brazilian continental shelf. **E.N.O.**

Foz do Rio São Francisco

Alagoas/Sergipe

DailyVision, MSI, 13/mar/2023, ESA

pp. 108-109

A primeira grande expedição para avaliar o potencial econômico do rio São Francisco foi realizada pelo engenheiro alemão Henrique Guilherme Fernando Halfeld a mando do imperador Dom Pedro II. A excursão ocorreu nos anos de 1852, 1853 e 1854 e foi publicada no relatório *Exploração do Rio do São Francisco, desde a Cachoeira da Pirapora até o Oceano Atlântico*. Sua foz abriga extensas áreas de manguezais permeadas por canais fluviais de água salobra. Considerados áreas de preservação permanente, os manguezais são berçários da vida marinha, garantindo abrigo e comida para diversas espécies. Eles também exercem a função de filtro, retendo e retrabalhando poluentes e contaminantes que de outra forma adentrariam o ambiente marinho. Além das atividades econômicas do turismo, da pesca, da agricultura e do artesanato, a criação de camarão tem sido uma alternativa econômica para a população que vive na região estuarina. Na parte superior da imagem notam-se alguns tanques para cultivo do crustáceo, na porção inferior direita, faixas de restingas e o arco praial. **E.N.O.**

Mouth of the São Francisco River

Alagoas/Sergipe

DailyVision, MSI, 13/Mar/2023, ESA

pp. 108-109

The first major expedition to assess the economic potential of the São Francisco River was conducted by the German engineer Henrique Guilherme Fernando Halfeld at the behest of Emperor Dom Pedro II. The excursion took place in 1852, 1853 and 1854 and was published in the report *Exploração do Rio do São Francisco, desde a Cachoeira da Pirapora até o Oceano Atlântico* [Exploration of the São Francisco River, from Cachoeira da Pirapora to the Atlantic Ocean]. Its mouth is home to extensive areas of mangroves permeated by brackish river channels. Considered permanent preservation areas, mangroves are nurseries for marine life, providing shelter and food for a variety of species. They also act as filters, retaining and reworking pollutants and contaminants that would otherwise enter the marine environment. In addition to the economic activities of tourism, fishing, agriculture and handicrafts, shrimp farming has represented an economic alternative for the population living in the estuarine region. In the upper part of the image one can see some crustacean farming ponds, and bottom right, strips of restinga and the beach arch. **E.N.O.**

Foz do Rio São Francisco

Alagoas/Sergipe

DailyVision, MSI, 13/mar/2023, ESA

pp. 112-113

A desembocadura do rio São Francisco é classificada como um delta dominado por ondas. Ali, a distribuição dos sedimentos é controlada pela descarga fluvial e pelas forçantes oceânicas, como ondas, marés e correntes costeiras. Na margem norte da foz, os processos deposicionais favorecem um cordão arenoso mais largo do que na margem sul, onde os processos erosivos prevalecem. O povoado de Cabeço, situado nessa margem, sofreu os efeitos da erosão marinha: em um curto período, o mar invadiu casas e estruturas da comunidade pesqueira. O farol, construído no século XIX, ainda resiste e sobrevive, parcialmente submerso, no oceano. Os canais de transposição de água, a agricultura intensiva nas regiões marginais e a cascata de hidroelétricas sustentadas pelo rio contribuem com a diminuição da vazão e a redução do aporte de sedimento e nutrientes para a desembocadura. Com a falta de reposição de sedimentos, as ondas, marés e correntes costeiras consomem a parte continental. **E.N.O.**

Mouth of the São Francisco River

Alagoas/Sergipe

DailyVision, MSI, 13/Mar/2023, ESA

pp. 112-113

The mouth of the São Francisco River is classified as a wave-dominated delta. The sediment distribution there is controlled by the river discharge and oceanic forces such as waves, tides and coastal currents. On the north bank of the estuary, depositional processes favour a wider beach ridge than on the south bank, where erosive processes prevail. The village of Cabeço, located on this shore, has suffered the effects of marine erosion: in a short period, the sea advanced over housing and structures of the fishing community. The lighthouse, built in the 19th century, still stands and survives, partially submerged in the ocean. Water transfer canals, intensive agriculture in the marginal regions and the cascade of hydroelectric power stations supported by the river all contribute to a decrease in flow and reduced supply of sediment and nutrients to the mouth. With the lack of sediment replenishment, waves, tides and coastal currents eat away at the shore. **E.N.O.**

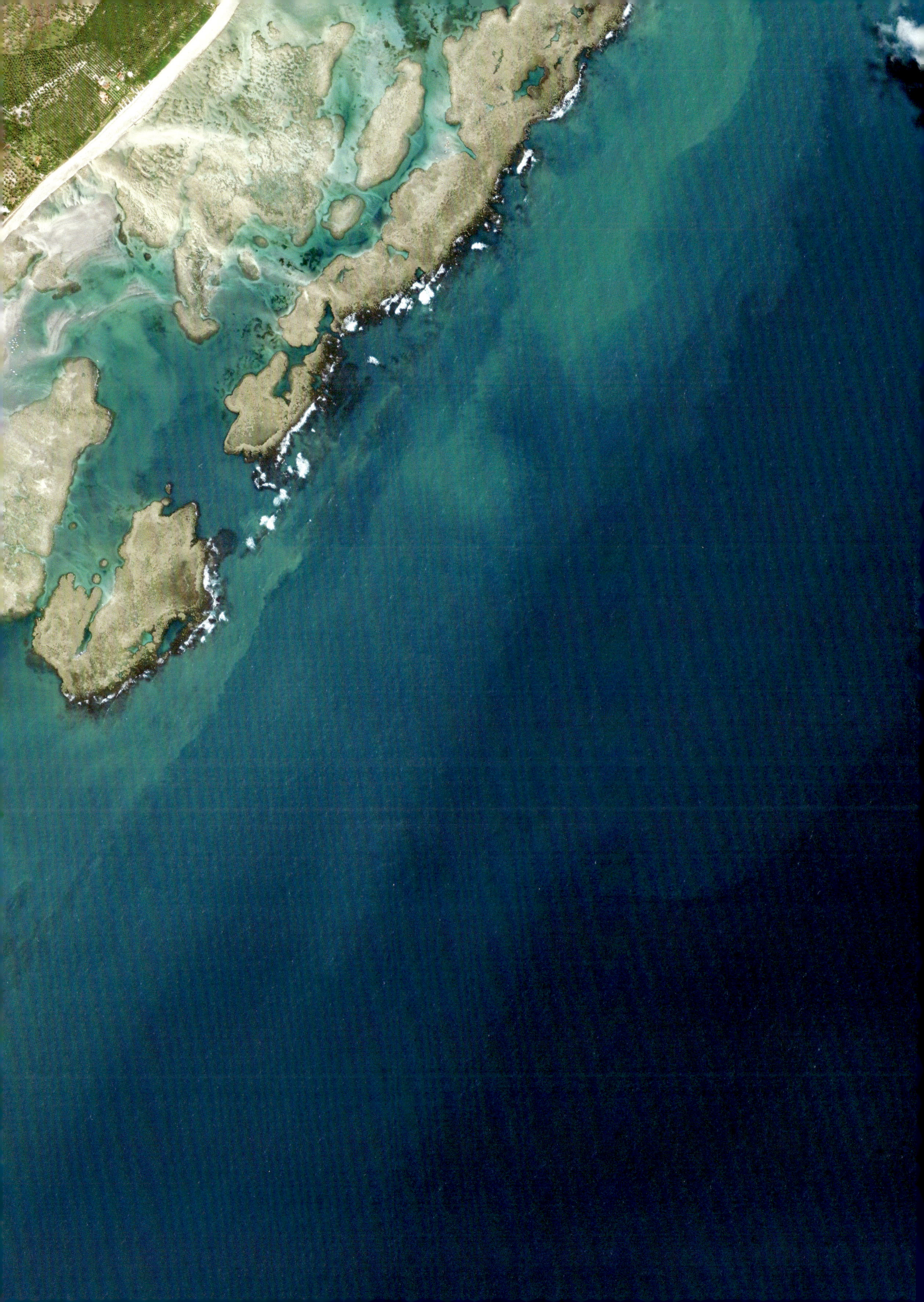

São Miguel dos Milagres

Alagoas

WorldView-2, 26/dez/2019, Maxar

pp. 114-115

É um dos mais antigos povoados do estado de Alagoas e pertence à Área de Proteção Ambiental da Costa dos Corais, a segunda maior do mundo. Por muito tempo a principal atividade econômica foi a produção de coco, tendo sido por longos anos a região mais produtiva do estado, comercializando o fruto nacionalmente e para o exterior. São Miguel dos Milagres vem ganhando bastante destaque no cenário do turismo nacional e internacional. Conta com diversas praias tranquilas, de águas mornas, de areia fina e clara, com enormes coqueirais, piscinas naturais e recifes de coral, integrando a Rota Ecológica dos Milagres. Também conta com o ecoturismo que é feito através de passeio sobre o bioma do rio Tatuamunha e Tabatinga, onde são apresentados o peixe-boi e todos os projetos de conservação do ambiente (fauna e flora) local. **M.K.**

Maragogi

Alagoas

S2A/MSI, 02/maio/2023, ESA

página à direita

Localiza-se no litoral norte de Alagoas, na Área de Proteção Ambiental Costa dos Corais. Sua economia baseia-se no turismo, na pesca e na agricultura. A beleza de suas praias com recifes, águas transparentes, areia fina, coqueirais e piscinas naturais (galés) faz com que seja um dos mais importantes polos turísticos da região. Na maré baixa, as piscinas e os recifes ficam emersos e pode-se andar bastante mar adentro. Já na maré alta, a faixa de areia se estreita, as piscinas submergem e o mar torna-se mais forte. Maragogi era um povoado chamado Gamela. Em 1875 passou à categoria de Vila com o nome de Isabel, em homenagem à princesa que chancelou o fim da escravidão no Brasil. Em 1892, recebeu o nome de Maragogi devido ao rio que banha o local. Maragogi tem importância na história brasileira: holandeses e portugueses disputaram suas terras por vários anos. Mas foram os seus moradores que impediram e desarticularam a tentativa batava de desembarque em Alagoas. **M.K.**

São Miguel dos Milagres

Alagoas

WorldView-2, 26/Dec/2019, Maxar

pp. 114-115

This is one of the oldest settlements in the state of Alagoas and belongs to the Costa dos Corais Environmental Protection Area, the second largest in the world. For a long time, the main economic activity was coconut production, and for many years it was the most productive region in the state, selling the fruit on the domestic and international markets. São Miguel dos Milagres has been gaining a lot of prominence on the national and international tourism scene. It has several quiet beaches with warm waters, fine, clear sand, huge coconut groves, natural pools and coral reefs, and is part of the Milagres Ecological Route. It also has a thriving ecotourism scene, including tours of the Tatuamunha and Tabatinga river biomes, where one can observe manatees and all the local environmental (fauna and flora) conservation projects. **M.K.**

Maragogi

Alagoas

S2A/MSI, 02/May/2023, ESA

page to the right

Located on the north coast of Alagoas, in the Costa dos Corais Environmental Protection Area. Its economy is based on tourism, fishing and agriculture. The beauty of its beaches with reefs, crystal clear waters, fine sand, coconut groves and its natural pools (*galés*) makes it one of the most important tourist hubs in the region. At low tide, the pools and reefs are exposed and it is possible to walk a long way out to sea. At high tide, the strip of sand narrows, the pools submerge and the sea becomes rougher. Maragogi used to be a village called Gamela. In 1875 it became a town with the name of Isabel, in honour of the princess whose hand sealed the end of slavery in Brazil. In 1892, it was renamed Maragogi after the river that runs through the area. Maragogi is an important part of Brazilian history. The Dutch and Portuguese fought over the land for several years. But it was the locals who prevented and dismantled the Dutch attempt to land in Alagoas. **M.K.**

Costa dos Corais
Alagoas
Sentinel-2B, MSI, 26/jun/2021, ESA

A Área de Proteção Ambiental Costa dos Corais, criada em 1997, é a maior unidade de conservação federal marinha costeira do Brasil, com mais de 400 mil hectares de área e 120 quilômetros de praias, mangues e piscinas naturais, entre Tamandaré, no estado de Pernambuco e o norte de Maceió, no estado de Alagoas. No oceano, seu limite é a quebra de plataforma, conhecida pelos pescadores como "paredes", a 30 quilômetros da costa. É uma unidade de uso sustentável, que busca reunir os objetivos de conservação e preservação ambiental e os usos direto (pesca) e indireto (turismo e pesquisa) dos recursos naturais de maneira sustentável, ou seja, garantir esse uso para as gerações atuais e futuras. A existência de recifes de corais e mangues é uma das principais características da unidade, resultando numa alta biodiversidade representada por diversos grupos marinhos como algas, corais, peixes, crustáceos, moluscos, mamíferos aquáticos e outros, e ainda inclui a ocorrência de espécies ameaçadas de extinção como o peixe-boi-marinho, tartarugas e baleias. **M.K.**

Coral Coast
Alagoas
Sentinel-2B, MSI, 26/Jun/2021, ESA

The Coral Coast Environmental Protection Area, created in 1997, is the largest federal coastal marine protected area in Brazil, with an area of over 400,000 hectares and 120 km of beaches, mangroves and natural pools, between Tamandaré in the state of Pernambuco and north Maceió in the state of Alagoas. In the ocean, its limit is the shelf break, known to fishermen as the "paredes" (walls), 30 km offshore. It is a sustainable use unit that seeks to bring together the objectives of environmental conservation and preservation and the direct (fishing) and indirect (tourism and research) use of natural resources in a sustainable manner, in other words, to guarantee this use for current and future generations. The existence of coral reefs and mangroves is one of the main characteristics of the protected area, resulting in a high biodiversity represented by various marine groups such as algae, corals, fish, crustaceans, molluscs, aquatic mammals and others, and also includes the occurrence of endangered species such as the sea manatee, turtles and whales. **M.K.**

Ilhas de Itamaracá e Itapessoca

Pernambuco

Sentinel-2B, MSI, 26/jun/2021, ESA

Localizadas no litoral norte do estado, próximo da capital pernambucana, as ilhas de Itamaracá, mais ao sul, e Itapessoca integram um sistema estuarino rico em biodiversidade. O nome Itamaracá tem origem indígena e significa "pedra que canta". Os portugueses descobriram a ilha em 1501 e sua ocupação data do início do período colonial brasileiro, em 1528, no local hoje conhecido como Vila Velha. Em 1631, os holandeses a invadiram e construíram o Forte Orange. Uma vez retomada a ilha pelos portugueses, o prédio foi renomeado Forte de Santa Cruz. O município de Itamaracá transformou-se em um destino turístico, conhecido por suas praias belas e tranquilas. O canal de Santa Cruz separa a ilha do continente. Em sua face voltada para a região oceânica, há maior adensamento urbano e a ilha enfrenta processos erosivos que acarretam o estreitamento das faixas de areia. A Ilha de Itapessoca está interligada ao canal de Santa Cruz e à ilha de Itamaracá. A região abriga manguezais e uma malha hidrográfica complexa. No extremo norte da imagem, nota-se uma pluma estuarina mais escura, devido à presença de matéria orgânica dissolvida, proveniente dos rios Goiana e Tracunhaém, que contornam a área Reserva Extrativista Acaú-Goiana e, possivelmente, oriunda das fazendas de aquicultura que aí se encontram. Modelados pela dinâmica local, cordões arenosos parcialmente submersos delineiam franjas esbranquiçadas na região costeira. **E.N.O.**

Itamaracá and Itapessoca Islands

Pernambuco

Sentinel-2B, MSI, 26/Jun/2021, ESA

Located on the north coast of the state, close to the capital of Pernambuco, the islands of Itamaracá, further south, and Itapessoca are part of an estuarine system rich in biodiversity. The name Itamaracá has indigenous roots and means "singing stone". The Portuguese discovered the island in 1501 and its occupation dates back to the beginning of the Brazilian colonial period, in 1528, in the place now known as Vila Velha. In 1631, the Dutch invaded and built Fort Orange. Once the Portuguese retook the island, the building was renamed Santa Cruz Fort. The municipality of Itamaracá has become a tourist destination, known for its beautiful and calm beaches. The Santa Cruz channel separates the island from the mainland. On the ocean-facing side, there has been more urban development and the island is subject to erosion processes that lead to the narrowing of the sand strips. The island of Itapessoca is interconnected with the Santa Cruz channel and the island of Itamaracá. The region features mangroves and a complex hydrographic network. In the far north of the image, one can see a darker estuarine plume, due to the presence of dissolved organic matter from the Goiana and Tracunhaém rivers, which surround the Acaú-Goiana Extractive Reserve area and possibly stem from the aquaculture farms that are located there. Shaped by local dynamics, partially submerged sand beach ridges outline whitish fringes in the coastal region. **E.N.O.**

Arquipélago de Fernando de Noronha

Pernambuco

WorldView-3, 19/jul/2023, Maxar

É formado por duas Unidades de Conservação federais: o Parque Nacional Marinho e a Área de Proteção Ambiental de Fernando de Noronha. Em 2001, foi reconhecido pela Unesco como Patrimônio Natural Mundial. O título deve-se à sua importância para a vida marinha: suas águas garantem a reprodução e alimentação de atuns, tubarões, tartarugas e mamíferos marinhos, e as ilhas abrigam a maior concentração de aves tropicais marinhas do Oceano Atlântico. Com uma área de 26 km^2, é formado por 21 ilhas, ilhotas e rochedos no topo da cadeia mesoatlântica, cuja base está a quatro mil metros de profundidade, no oceano Atlântico. A ilha principal é habitada e tem 17 km de extensão e nela está a Vila dos Remédios. Conta com as maiores colônias reprodutivas de aves marinhas e de variadas e exóticas espécies de peixes, esponjas, algas, moluscos e corais. Em diversos períodos, foi o destino de presos políticos. Atualmente, sua principal atividade econômica é o turismo. **M.K.**

Fernando de Noronha Archipelago

Pernambuco

WorldView-3, 19/Jul/2023, Maxar

This archipelago is made up of two federal Protected Areas: the National Marine Park and the Fernando de Noronha Environmental Protection Area. In 2001, it was recognised by UNESCO as a World Natural Heritage Site. The title is due to its importance for marine life: its waters guarantee the reproduction and feeding of tunas, sharks, turtles and marine mammals, and the islands are home to the largest concentration of tropical seabirds in the Atlantic Ocean. With an area of 26 km^2, it is made up of 21 islands, islets and rocks at the top of the Mid-Atlantic Ridge, whose base is 4,000 m deep in the Atlantic Ocean. Vila dos Remédios is located on the inhabited island, which is 17 km long. It has the largest breeding colonies of seabirds and a variety of exotic species of fish, sponges, algae, molluscs and corals. At various times in history, it was where political prisoners were held in captivity. Today, its main economic activity is tourism. **M.K.**

Rio Paraíba do Norte, Ilha da Restinga

Paraíba

Sentinel-2B, sensor MSI, 26/jun/2021, ESA

O rio nasce na serra de Jabitacá, no município de Monteiro, e segue por 380 km até desaguar no oceano Atlântico, próximo à capital, João Pessoa. Sua bacia hidrográfica cobre um terço do território do estado e é vital para a economia e ecologia locais. O Porto de Cabedelo, escoadouro da capital, está localizado na margem direita da barra do rio, em frente à ilha da Restinga, a mais próxima da desembocadura. Nas cercanias do porto, encontra-se o Forte Santa Catarina, construído no século XVI para defender a Capitania da Paraíba. De lá tem-se uma vista panorâmica do estuário e do oceano Atlântico. O sistema estuarino é composto por ilhas e praias. Recifes de corais são notáveis próximo à linha de costa, onde se encontra o Parque Estadual Marinho de Areia Vermelha – nome motivado pela coloração dos bancos de areia. Dependendo da dinâmica local, a turbidez da pluma do rio, rica em sedimentos e material dissolvido, pode afetar negativamente o recife de coral, impedindo a incidência de luz solar. Ao longo da costa, a abundância de microalgas fitoplanctônicas intensifica o tom esverdeado. **E.N.O.**

Paraíba do Norte River, Restinga Island

Paraíba

Sentinel-2B, sensor MSI, 26/Jun/2021, ESA

The river begins in the Jabitacá mountain range, in the municipality of Monteiro, and runs for 380 km until it flows into the Atlantic Ocean, close to the capital, João Pessoa. Its drainage basin covers a third of the state's territory and is vital to the region's economy and ecology. The Port of Cabedelo, the capital's outlet, is located on the right bank of the river, opposite the island of Restinga, the closest island to the mouth. In the vicinity of the port is Fort Santa Catarina, built in the 16th century to defend the "Capitania" of Paraíba. It offers a panoramic view of the estuary and the Atlantic Ocean. The estuarine system is made up of islands and beaches. There are notable coral reefs near the coastline, where the Red Sand Marine State Park is located – named after the colour of the sand banks. Depending on local dynamics, the turbidity of the river plume, which is rich in sediment and dissolved material, can be detrimental to the coral reef, by preventing sunlight from reaching it. Along the coast, the abundance of phytoplankton microalgae intensifies the greenish colour. **E.N.O.**

Barra do Rio Mamanguape
Paraíba

Sentinel-2B, MSI, 26/jun/2021, ESA

Em grande parte intermitente, o rio nasce na microrregião do Agreste da Borborema e deságua no oceano Atlântico. Situada em sua foz, a barra do rio Mamanguape é uma área de preservação ambiental no litoral norte da Paraíba, distante 70 km da capital. A comunidade local resulta da mistura de índios Potiguar, negros e brancos, e tem uma conexão estreita com a mata e o manguezal, dependendo deles para sobrevivência, sustento e preservação de tradições culturais. A região compõe um vasto mosaico de ecossistemas e abriga grande diversidade de espécies animais e vegetais, como remanescentes de Mata Atlântica, manguezais, áreas de restinga, praias arenosas e recifes. É um dos últimos refúgios do peixe-boi-marinho e também ponto de desova de tartarugas, cavalos-marinhos e caranguejos entre outros. Na foz, barreiras de recifes formam um extenso cordão litorâneo que segmenta as águas estuarinas das oceânicas. Os recifes são compostos predominantemente de arenitos e sedimentos e servem de abrigo e fonte de alimento à fauna da região. **E.N.O.**

Mamanguape River Bar
Paraíba

Sentinel-2B, MSI, 26/Jun/2021, ESA

Intermittent for most of its length, the river emerges in the Agreste da Borborema micro-region and flows into the Atlantic Ocean. Located at its mouth, the Mamanguape River bar is an environmental preservation area on the north coast of Paraíba, 70 km from the capital. The local community is the result of a mixture between Potiguar Indians, blacks and whites, and has a close connection with the forest and mangroves, on which they depend for survival, sustenance and the preservation of cultural traditions. The region makes up a vast mosaic of ecosystems and is home to wide range of animal and plant species, such as remnants of the Atlantic Forest, mangroves, restinga areas, sandy beaches and reefs. It is one of the last refuges for manatees and also a spawning ground for turtles, seahorses, crabs and more. At the mouth, barrier reefs form an extensive coastal strip that separates the estuarine waters from the ocean. The reefs are predominantly made up of sandstones and sediments and serve as shelter and a source of food for the region's fauna. **E.N.O.**

Galinhos

Rio Grande do Norte

Sentinel-2A, MSI, 08/ago/2022, ESA

A Península de Galinhos, no litoral setentrional do estado, é caracterizada por dunas, salinas, manguezais, praias e rios. A cidade fica na ponta da península. O município apresenta alta sensibilidade ambiental e instabilidade morfológica e nele concentram-se atividades das indústrias salineira, agrícola, carcinicultura e petrolífera. O relevo com baixas altitudes está inserido na planície costeira caracterizada pela presença de dunas modeladas pela ação dos ventos. Essa planície é sucedida pelos tabuleiros costeiros de geologia sedimentar. Nas áreas mais afastadas do mar predomina a Chapada da Serra Verde que possui geologia cristalina. As áreas costeiras são cobertas pela restinga, com depósitos de areia, havendo ainda áreas de manguezais no estuário do rio Aratuá que, por estar constantemente sujeito ao regime de marés, apresenta maior salinidade. Recifes de corais, piscinas naturais e águas cristalinas são um convite para mergulhos. **M.K.**

Galinhos

Rio Grande do Norte

Sentinel-2A, MSI, 08/Aug/2022, ESA

The Galinhos Peninsula, on the state's north coast, is characterised by dunes, salt marshes, mangroves, beaches and rivers. The town lies at the tip of the peninsula. The municipality is highly environmentally sensitive and morphologically unstable, with a concentration of activities in the salt, agricultural, shrimp and oil industries. The low-lying terrain is part of the coastal plain, characterised by the presence of dunes shaped by the action of the winds. This plain is succeeded by coastal plateaus formed by sedimentary layers. The areas furthest from the sea are dominated by the crystalline Serra Verde Plateau. The coastal areas are covered by the restinga, with sand deposits, and there are also mangrove areas in the Aratuá River estuary which, because it is constantly subject to the tidal regime, has a higher salinity. Coral reefs, natural pools and crystal-clear waters invite one to take a dip. **M.K.**

Atol das Rocas

Rio Grande do Norte

WorldView-2, 09/set/2022, Maxar

É o único atol no oceano Atlântico Sul Equatorial, distando 267 km do município de Natal. Trata-se de uma ilha oceânica em forma de anel, construída por uma formação coralina assentada no topo de um monte vulcânico que se eleva a 4.000 metros do leito oceânico. Na sua parte central, encontram-se águas calmas e protegidas como um verdadeiro oásis no meio do mar. A Reserva Biológica Atol das Rocas é uma unidade de conservação de proteção integral em função da sua alta produtividade biológica e por ser um relevante local para abrigo, reprodução e alimentação de muitas espécies marinhas, inclusive várias endêmicas. Essas características de isolamento e águas rasas e abrigadas, além das águas profundas no entorno, propiciam a presença de peixes de todos tamanhos e de uma biodiversidade única. A diferença de tonalidade indica os locais rasos e profundos desse santuário marinho onde se permite tão somente a entrada de pesquisadores e cientistas que procuram entender o equilíbrio ambiental conquistado ao longo de milhares de anos de evolução. **D.Z.**

Rocas Atoll

Rio Grande do Norte

WorldView-2, 09/Sep/2022, Maxar

This is the only atoll in the South Equatorial Atlantic Ocean, 267 km from the municipality of Natal. It is a ring-shaped oceanic island built by a coral formation sitting atop a volcanic hill that rises 4,000 metres from the ocean floor. In its centre are calm, sheltered waters like a genuine oasis in the middle of the sea. The Rocas Atoll Biological Reserve is a fully protected area due to its high biological productivity and because it is an important shelter, breeding and feeding ground for many marine species, several of which are endemic. These characteristics of isolation and shallow, sheltered waters combined with the deep waters in the surrounding area, are conducive to the presence of fish of all sizes and a unique biodiversity. The tonal difference indicates the shallow and deep areas in this marine sanctuary into which only researchers and scientists seeking to understand the environmental balance achieved over thousands of years of evolution are allowed to enter. **D.Z.**

Barreiras

Rio Grande do Norte

Sentinel-2B, MSI, 18/ago/2023, ESA

página à direita

A cerca de 200 km da capital Natal, Barreiras é um distrito do município de Macau e faz parte do polo Costa Branca, região costeira que integra vários municípios da porção norte do estado. O nome remete às paisagens marcadas por vastas dunas, salinas e vegetação de caatinga, caracterizando a fusão do sertão com o litoral. Aves marinhas, lagoas azuis, dunas e manguezais pontuam o cenário – cactos florescem à beira-mar. Macau, conhecida como "Terra do Sal", é uma das principais produtoras de sal do Brasil. Com sua beleza, a praia de Soledade convive ao lado da atividade de extração de petróleo, e o cenário fica ainda mais peculiar com a presença do cisne azul. Nas águas calmas da praia de Camapum, os parques eólicos geram energia e renda local, complementada pela pesca, pela agricultura e pelo turismo. Uma das características geológicas mais marcantes de Barreiras são as falésias, compostas por sedimentos de diferentes cores e texturas. As marés, as ondas e a descarga fluvial modelam os cordões arenosos visíveis na linha de costa. **E.N.O.**

Barreiras

Rio Grande do Norte

Sentinel-2B, MSI, 18/Aug/2023, ESA

page to the right

About 200 km from the capital, Natal, Barreiras is a district in the municipality of Macau. Located between the sea and the sand dunes, it is part of the Costa Branca hub, a coastal region that includes several municipalities in the northern part of the state. The name refers to the landscapes marked by vast dunes, salt flats and caatinga vegetation, characterising the fusion of the semi-arid hinterland with the coast. Seabirds, blue lagoons, dunes and mangroves are dotted along the scenery – cacti flourish by the sea. Macau, known as the "Land of Salt", is one of Brazil's main salt producers. The beautiful Soledade beach coexists alongside oil exploration activities, and the scenery is made even more peculiar by the presence of the blue swan. In the calm waters of Camapum beach, wind farms generate energy and local revenue, complemented by fishing, agriculture and tourism. One of the most striking geological features of Barreiras are the cliffs, made up of sediments of different colours and textures. The tides, waves and river discharge shape the sand beach ridges visible on the coastline. **E.N.O.**

Praia do Rosado

Rio Grande do Norte

Sentinel-2B, MSI, 18/ago/2023, ESA

pp. 134-135

A Área de Proteção Ambiental Dunas do Rosado está localizada nos municípios de Porto do Mangue e Areia Branca, e faz parte do polo Costa Branca. O local abriga caatinga, dunas, falésias e estuários. Dentro dos limites da área de proteção, a principal praia é a do Rosado (extremidade superior esquerda da imagem), famosa pelas dunas de coloração rosada e pela paisagem singular. A imagem também destaca o complexo estuarino do rio Piranhas-Açu, que tem sido impactado pelos resíduos sólidos e líquidos provenientes de áreas urbanas, atividades de empresas de extração de sal e dos criadouros de camarão. Devido ao baixo aporte fluvial, as águas oceânicas da região têm baixa concentração de material em suspensão e de microalgas fitoplanctônicas. O estuário está inserido no contexto geológico da Bacia Potiguar, rica em petróleo e gás natural. Desde a década de 1970, a bacia tem sido explorada pela indústria petrolífera, sendo umas das principais produtoras de petróleo onshore do Brasil. **E.N.O.**

Rosado Beach

Rio Grande do Norte

Sentinel-2B, MSI, 18/Aug/2023, ESA

pp. 134-135

The Dunas do Rosado Environmental Protection Area is located in the municipalities of Porto do Mangue and Areia Branca and is part of the Costa Branca hub. The area is characterised by caatinga, dunes, cliffs and estuaries. Within the boundaries of the protected area, the main beach is Rosado (top left of the picture), famous for its pink-coloured dunes and unique landscape. The image also highlights the Piranhas-Açu river estuary complex, which has been impacted by solid and liquid waste from urban areas, salt extraction companies and shrimp farms. Due to the restricted fluvial input, the region's ocean waters have a low concentration of suspended material and phytoplankton micro-algae. The estuary is part of the geological context of the Potiguar Basin, which is rich in oil and natural gas. Since the 1970s, the basin has been exploited by the oil industry and is one of Brazil's main onshore oil producers. **E.N.O.**

Areia Branca

Rio Grande do Norte

Sentinel-2A/MSI, 13/ago/2023, ESA

Situa-se na Costa Branca do estado do Rio Grande do Norte e insere-se no contexto geológico da Bacia Potiguar. Tem 42 km de litoral com belas paisagens naturais e faixas de areia preservadas que impulsionam o turismo na região. Aliado à indústria de produção de sal, pesca e exploração petrolífera constituem as principais atividades econômicas do município, que também conta com a agropecuária. A atividade salineira encontra-se implementada nos terrenos da planície fluviomarinha, causando impactos ambientais, como o desmatamento de manguezais e outras coberturas vegetais, alteração da rede de drenagem e salinização do solo. A praia de Upanema é uma das mais visitadas e é a única urbanizada, com boa infraestrutura urbana. A praia da Ponta do Mel, conhecida como "o único lugar do mundo onde o sertão encontra o mar" também oferece boa estrutura de hospedagem. Com clima semiárido e chuvas escassas, a região tem relevo caracterizado por planície costeira formada de praias, limitada entre o mar e os tabuleiros costeiros. As formações vegetais são a caatinga, a restinga e os manguezais. Areia Branca se tornou um dos principais municípios do estado no que tange à produção de energias renováveis eólica e solar. **M.K.**

Areia Branca

Rio Grande do Norte

Sentinel-2A/MSI, 13/Aug/2023, ESA

Located on the Costa Branca in the state of Rio Grande do Norte, Areia Branca is part of the geological setting of the Potiguar Basin. It boasts 42 km of coastline with beautiful natural landscapes and unspoilt stretches of sand that stimulate tourism in the region. Together with the salt production industry, fishing and oil exploration are the main economic activities in the municipality, which also relies on agriculture. Salt mining activity is implemented in the fluvial-marine plain, causing environmental impacts such as the deforestation of mangroves and other vegetation, alteration of the drainage network and soil salinization. Upanema beach is one of the most visited and is the only urbanised beach, with good urban infrastructure. Ponta do Mel Beach, known as "the only place in the world where the *sertão* (semi-arid hinterland) meets the sea", also offers good accommodation facilities. With a semi-arid climate and scarce rainfall, the region's relief is characterised by a coastal plain formed by beaches, bordered between the sea and the coastal plateaus. The plant formations are *caatinga*, restinga and mangroves. Areia Branca has become one of the state's leading municipalities when it comes to producing renewable wind and solar energy. **M.K.**

Paracuru

Ceará

WorldView-3, 18/ago/2022, Maxar

pp. 138-139

No litoral oeste do Ceará, o município abriga a Área de Proteção Ambiental do Campo de Dunas. A composição entre as areias e lagoas é resultado das chuvas e do afloramento do lençol freático. O mar atrai banhistas e praticantes de esportes náuticos. Há uma área onde a barreira de corais protege parte da praia. Paracuru tem 20 km de litoral, com praias, dunas, lagoas, riachos e coqueirais. Quando a maré baixa, piscinas naturais se formam na beira da praia, onde habitam peixes, crustáceos e outros animais marinhos. As dunas de Paracuru integram parte dos ecossistemas da planície litorânea. Constituem a faixa praial e os terraços marinhos com restinga. As dunas móveis são formadas por areia proveniente da praia e são alinhadas com os ventos. As dunas fixas com vegetação própria ficam isoladas entre o mar e as dunas móveis. A vegetação é diversificada, incluindo desde gramíneas até componentes arbóreos ou arbustivos, conforme estão na faixa praial, restinga ou dunas. A fauna é formada por mamíferos, répteis, anfíbios e aves. **M.K.**

Paracuru

Ceará

WorldView-3, 18/Aug/2022, Maxar

pp. 138-139

On the west coast of Ceará, the municipality is home to the Campo de Dunas Environmental Protection Area. The composition of the sands and lagoons is the result of rainfall and ground water upwelling. The sea attracts bathers and water sports enthusiasts. There is an area where the coral reef protects part of the beach. Paracuru has 20 km of coastline, with beaches, dunes, lagoons, creeks and coconut groves. When the tide goes out, natural pools form on the edge of the beach, where fish, crustaceans and other marine animals live. The Paracuru Dunes are part of the coastal plain ecosystems. They make up the beach strip and the marine terraces with restinga. The moving sand dunes are formed by sand coming from the beach and are aligned with the winds. The fixed dunes with their own vegetation are isolated between the sea and the moving dunes. The vegetation is diverse, ranging from grasses to trees and shrubs, depending on whether they are on the beach, restinga or dunes. The fauna includes mammals, reptiles, amphibians and birds. **M.K.**

Praia da Baleia

Ceará

WorldView-2, 11/jan/2023, Maxar

pp. 142-143

A praia da Baleia localiza-se em Itapipoca, litoral oeste do estado, um município com forte poder de polarização urbana por concentrar um conjunto de serviços e deter a liderança econômica na região. Com 25 km de praias de águas mornas, compõe seu cenário com coqueirais, dunas, lagoas, lagos, jangadas, rios e pôr do sol. A foz do rio Mundaú, com seus manguezais, constitui uma Área de Proteção Ambiental na divisa de Itapipoca e Trairi. A Lagoa do Mato está inserida na bacia do rio Mundaú e é classificada como lagoa interdunar de regime perene. A vegetação de tabuleiro avança até a faixa de espraiamento, formando um cenário de praias e dunas brancas. As feições morfológicas na praia da Baleia são compostas pela faixa praial, campo de dunas móveis, fixas e paleodunas. Torres eólicas foram instaladas sobre as dunas. O crescimento habitacional desordenado associado ao turismo e ao comércio tem restringido o acesso à praia e comprometido a segurança das edificações. **M.K.**

Baleia Beach

Ceará

WorldView-2, 11/Jan/2023, Maxar

pp. 142-143

This beach is in Itapipoca, on the state's west coast, a municipality with a strong urban pull as it concentrates a range of services and is the region's economic leader. With 25 km of beaches with warm waters, its scenery includes coconut groves, dunes, lagoons, lakes, rafts, rivers and sunsets. The mouth of the Mundaú River, with its mangroves, is an Environmental Protection Area on the border between Itapipoca and Trairi. Lagoa do Mato is part of the Mundaú River basin and is classified as a perennial intertidal lagoon. The vegetation of the plateau extends to the swash zone, forming a scene of white dunes and beaches. The morphological features of Baleia Beach are made up of the beach strip, moving and fixed sand dunes and palaeodunes. Wind turbines have been installed on the dunes. Uncontrolled housing growth associated with tourism and trade has restricted access to the beach and compromised the safety of the buildings. **M.K.**

Praia dos Patos, Rios Aracatiaçu e Aracati

Ceará

Sentinel-2A, MSI, 05/set/2023, ESA

A praia dos Patos está localizada no município de Itarema, entre os rios Aracatiaçu, mais ao sul na imagem, e Aracati. Repleta de recursos naturais, a praia tem uma paisagem exuberante, com areias brancas e mar de águas claras, rasas e quentes. O estuário do rio Aracatiaçu está localizado no município de Amontada, e o município de Itarema, no estuário do rio Aracati. Seus manguezais, assim como outros do litoral brasileiro, têm sofrido com as interferências humanas ao longo dos rios, tais como mineração, agricultura, pecuária, intensa urbanização e fazendas de aquacultura. A pesca é a principal atividade das comunidades dos vilarejos litorâneos. A fisiografia costeira apresenta características típicas da costa nordeste brasileira: dunas, restingas, manguezais, praias e lagoas. Formadas pela ação dos ventos que transporta o sedimento da praia para o interior, a presença de dunas móveis é comum. A região conta com vários parques eólicos que, somados aos demais parques do estado, fazem do Ceará o principal polo brasileiro de energia eólica. **E.N.O.**

Patos Beach, Aracatiaçu and Aracati Rivers

Ceará

Sentinel-2A, MSI, 05/Sep/2023, ESA

Patos beach is located in the municipality of Itarema, between the Rivers Aracatiaçu, further south in the image, and Aracati. Full of natural resources, the lush landscape of the beach features white sands and clear, shallow, warm waters. The estuary of the Aracatiaçu River is located in the municipality of Amontada, and the municipality of Itarema in the estuary of the Aracati River. The mangroves along the rivers, like others along the Brazilian coast, have suffered from human interference, through activities such as mining, agriculture, livestock farming, intense urbanisation and aquaculture farms. Fishing is the main activity of the coastal village communities. The coastal physiography is typical of the north-eastern coast of Brazil: dunes, restingas, mangroves, beaches and lagoons. Formed by the action of winds that carry sediment from the beach inland, mobile dunes are commonplace. The region has a number of wind farms, which together with the other farms in the state, make Ceará Brazil's main wind energy hub. **E.N.O.**

Acaraú
Ceará

Sentinel-2A, MSI, 28/set/2023, ESA

Acaraú pertence à região da Costa Negra, denominação de um trecho do litoral extremo oeste do estado do Ceará. O termo alude à presença de solo escuro rico em matéria orgânica e nutrientes que são lixiviados dos manguezais para as regiões costeiras. Na imagem é possível notar os sedimentos de tonalidade cinza-escuro na transição continente-oceano, expostos devido à maré baixa no momento em que a imagem foi capturada. Os tanques de criação de camarão (carcinicultura) contrastam com a vegetação do mangue recortada pelo canal fluvial do rio Acaraú. O município de Acaraú tem praias de areais finas, pouco profundas, lagoas, ilhas e escossistemas estuarinos que abrigam aves e fauna características. Pesca, aquicultura, agricultura e pecuária são as principais atividades econômicas do município, mas o cultivo de camarão move a maior parte da economia local. No Brasil, a carcinicultura tem sua maior produção concentrada na região Nordeste. **E.N.O.**

Acaraú
Ceará

Sentinel-2A, MSI, 28/Sep/2023, ESA

Acaraú belongs to the Costa Negra region, the name given to a stretch of coastline in the far west of the state of Ceará. The term alludes to the presence of dark soil rich in organic matter and nutrients that are leached from the mangroves into the coastal regions. The image reveals the dark grey sediments at the transition from continent to ocean, exposed due to the low tide at the time the photograph was taken. The shrimp farming ponds contrast with the mangrove vegetation cut out by the Acaraú River channel. The municipality of Acaraú has fine, shallow sandy beaches, lagoons, islands and estuarine ecosystems that are home to characteristic birds and fauna. Fishing, aquaculture, agriculture and livestock farming are the main economic activities in the municipality, but shrimp farming is the mainstay of the local economy. In Brazil, shrimp farming is mostly concentrated in the Northeast region. **E.N.O.**

Delta do Rio Parnaíba

Maranhão/Piauí

Sentinel-2B, MSI, 06/maio/2023, ESA

pp. 146-147

O delta do rio Parnaíba, considerado o terceiro maior do mundo e o único das Américas em mar aberto, é um complexo mosaico de ecossistemas entrecortados por baías e estuários, entre os estados do Piauí e Maranhão. A região é caracterizada pela tensão ecológica entre formações de cerrado, caatinga e sistemas marinhos e pela alta produtividade, considerada um santuário reprodutivo para várias espécies migratórias. O rio Parnaíba se divide em cinco braços antes de se misturar ao oceano Atlântico. O delta é formado por 70 ilhas que abrigam rica vegetação com características de mata ciliar e litorâneas. Algumas ilhas são manguezais ou praias de areia fina com dunas gigantes. Outras são vilas de pescadores, dormitório de guarás ou apenas dominadas pela vegetação e habitadas por répteis, aves e mamíferos. A diversidade torna a região única e encantadora. Porém, a cobertura vegetal vem sendo explorada e perdendo seu espaço, promovendo diminuição na oferta de recursos dos quais as comunidades tradicionais dependem para sobreviver. **M.K.**

Parnaíba River Delta

Maranhão/Piauí

Sentinel-2B, MSI, 06/May/2023, ESA

pp. 146-147

The Parnaíba River Delta, considered the third largest in the world and the only one in the Americas in open sea, is a complex mosaic of ecosystems interspersed with bays and estuaries between the states of Piauí and Maranhão. The region is characterised by ecological tension between cerrado formations, caatinga and marine systems and by its high productivity; it is considered a breeding sanctuary for several migratory species. The Parnaíba River divides into five branches before flowing into the Atlantic Ocean. The delta is made up of 70 islands that are home to rich vegetation with coastal and riparian forest characteristics. Some islands are mangrove forests or fine sandy beaches with giant dunes. Others are fishing villages, scarlet ibis dormitories or just covered by vegetation and inhabited by reptiles, birds and mammals. The diversity makes the region unique and enchanting. However, the vegetation cover is being exploited and suppressed, reducing the supply of resources upon which the traditional communities depend to survive. **M.K.**

Baía do Tubarão

Maranhão

Sentinel-2A, MSI, 06/set/2023, ESA

pp. 150-151

Destacada no centro da imagem, a baía é uma reserva extrativista localizada a aproximadamente 70 km da capital São Luís, abrangendo os municípios de Icatu e Humberto de Campos. A reserva tem regiões fisiográficas contrastantes, a leste, caracterizada por praias arenosas e, a oeste, dominada por planícies de maré com características lamosas. Ela é formada por um complexo de baías, rios, estuários e amplos manguezais, com rica biodiversidade. É a principal área de ocorrência do peixe-boi-marinho no estado. Um conjunto de ilhas circunda a reserva, como as de Santanta (extremo norte na imagem), Carrapatal, Mucunandiba e Areinhas. A salinidade, temperatura e turbidez da água na região são afetadas principalmente pelo aporte continental de água doce, apresentando alta turbidez devido à elevada carga de material particulado e dissolvido em suspensão proveniente dos incontáveis manguezais. Os povoados vivem em sua grande maioria da pesca e do extrativismo de subsistência. No lado direito da imagem encontra-se a extremidade oeste do Parque Nacional dos Lençóis Maranhenses, com suas dunas, lagos e restingas. **E.N.O.**

Tubarão Bay

Maranhão

Sentinel-2A, MSI, 06/Sep/2023, ESA

pp. 150-151

Highlighted in the centre of the image, the bay is an extractive reserve located approximately 70 km from the capital, São Luís, covering the municipalities of Icatu and Humberto de Campos. The reserve has contrasting physiographic regions: to the east, typified by sandy beaches, and to the west, dominated by muddy tidal flats. It is made up of a complex of bays, rivers, estuaries and vast mangrove swamps with a rich biodiversity. It is the main area of occurrence of the manatee in the state. A number of islands surround the reserve, such as Santanta (far north in the picture), Carrapatal, Mucunandiba and Areinhas. The salinity, temperature and turbidity of the water in the region are mainly affected by the onshore contribution of fresh water, with high turbidity due to the heightened load of suspended particulate and dissolved material coming from the countless mangroves. Most of the villages live off fishing and subsistence extractivism. On the right-hand side of the picture is the western edge of the Lençóis Maranhenses National Park, with its dunes, lakes and restingas. **E.N.O.**

Baía de São José

Maranhão

Sentinel-2A, MSI, 06/set/2023, ESA

pp. 152-153, 156-157

As baías de São Marcos e São José compõem um extenso e dinâmico sistema estuarino, denominado Golfão Maranhense. Um canal natural, o estreito dos Mosquitos, conecta a baía de São Marcos, à esquerda na imagem, à baía de São José, e separa a Ilha de Upaon-Açu do continente. Situada entre as duas baías, a Ilha hospeda o Porto de Itaqui, a capital São Luís e mais três municípios, tendo o maior adensamento populacional da região. A ocupação humana, principalmente na faixa costeira da ilha, impõe vulnerabilidade à paisagem. A pesca é fonte de renda de muitas famílias, que se encontram comprometidas devido à crescente quantidade de resíduos industriais e emissários urbanos sem tratamento que chegam aos estuários. As baías compartilham algumas características por estarem geograficamente próximas e inseridas no mesmo contexto climático e geológico. A classificação geológica do Golfão Maranhense é do tipo aluvião fluviomarinho, cujos depósitos de sedimentos e detritos são compostos por cascalho, areia e argilas inconsolidadas. As marés, classificadas como hipermarés, alcançam alturas superiores a sete metros, grandes o bastante para gerar o fenômeno da pororoca, tal como observado no rio Mearim, na baía de São Marcos. As correntes de maré causam turbulência na coluna de água, levando, através dos processos de mistura vertical, a elevadas concentrações de material em suspensão. O clima é chuvoso, quente e úmido, com duas estações bem definidas marcadas pela precipitação: chuvosa (janeiro a julho) e estiagem (julho a dezembro). As duas baías recebem a descarga de muitos rios. O litoral é coberto por extensos manguezais com rica fauna e flora, incluindo aves migratórias e flora submersa. Antes da chegada dos europeus, a região era habitada por diversos grupos indígenas. São Luís é a única cidade brasileira fundada por franceses, no ano de 1612. Vista como um ponto importante para a defesa e o comércio, foi invadida pelos holandeses e, posteriormente, tomada pelos portugueses. Ao longo dos séculos, as baías vivenciaram os ciclos econômicos do açúcar, do algodão e da borracha. Atualmente, o Porto de Itaqui é o principal porto de escoamento de soja, entre outros produtos. A expansão econômica trouxe desafios — poluição, degradação dos manguezais e pesca excessiva comprometem a saúde e sustentabilidade das baías. Por outro lado, o turismo viabiliza alternativas para restabelecer o equilíbrio e a valorização regional. As opções incluem passeios náuticos, gastronomia, parques e reservas e turismo das rendas, tradicional artesanato do município de Raposa, onde também é possível visitar as fronhas maranhenses. Pouco conhecido, o Parque Estadual Marinho do Parcel de Manuel Luís é uma unidade de conservação localizada a cerca de 80 km da costa do Maranhão e está vinculada ao município de Cururupu. Trata-se do maior banco de corais da América do Sul, com área de mais de 100 km^2. Suas incríveis formações de até 30 metros de altura podem chegar até um metro da superfície da água — por essa razão o local é cenário de muitos naufrágios. **E.N.O.**

São José Bay

Maranhão

Sentinel-2A, MSI, 06/Sep/2023, ESA

pp. 152-153, 156-157

The bays of São Marcos and São José make up an extensive and dynamic estuarine system called the Golfão Maranhense. The Mosquito Strait is a natural channel that connects São Marcos Bay, on the left in the picture, to São José Bay, and separates Upaon-Açu Island from the mainland. Located between the two bays, the island is home to the Port of Itaqui, the capital São Luís and three other municipalities, and has the highest population density in the region. Human occupation, especially on the island's coastal strip, makes the landscape vulnerable. Fishing is a source of income for many families, which is jeopardised by the growing amount of industrial waste and untreated urban outfalls reaching the estuaries. The bays share some characteristics because they are geographically close and located in the same climatic and geological context. The geological classification of the Golfão Maranhense is of the fluvial-marine alluvium type; the deposits of sediment and detritus are composed of gravel, sand and unconsolidated clays. The tides can reach a hypertidal range of more than seven metres, high enough to generate the phenomenon of pororoca, as observed on the Mearim River in the São Marcos Bay. Tidal currents cause turbulence in the water column, leading to high concentrations of suspended material through vertical mixing processes. The climate is rainy, hot and humid, with two well-defined seasons marked by precipitation: rainy (January to July) and dry (July to December). The two bays receive discharge from many rivers. The coastline is covered in extensive mangroves with rich flora and fauna, including migratory birds and submerged flora. Before the arrival of Europeans, the region was inhabited by various indigenous groups. São Luís is the only Brazilian city founded by the French, in 1612. Seen as an important point for defence and trade, it was invaded by the Dutch and later taken by the Portuguese. Over the centuries, the bays have gone through the economic booms of sugar, cotton and rubber. The Port of Itaqui is currently the main port for soybean, among other products. Economic expansion has brought challenges – pollution, mangrove degradation and overfishing endanger the health and sustainability of the bays. On the other hand, tourism provides alternatives for re-establishing regional balance and appreciation. The alternatives include boating trips, gastronomy, parks and reserves and lace, the traditional handicraft of the municipality of Raposa, where the Fronhas Maranhenses sand dunes are also an attraction. The little-known Parcel de Manuel Luís Marine State Park is a protected area located about 80 km off the coast of Maranhão and is linked to the municipality of Cururupu. It is the largest coral reef in South America, with an area of over 100 km^2. Its incredible formations, up to 30 metres high, can reach up to a metre above the surface of the water – which is why it is the scene of many shipwrecks. **E.N.O.**

Manguezais do Litoral Norte
Maranhão

Amazonia-1/WFI, 16/jun/2022, Inpe
pp. 158-159

O Maranhão é o estado brasileiro com a maior concentração de manguezais na faixa costeira. Essa faixa densa e larga proporciona dois serviços ambientais relevantes para fazer frente às mudanças climáticas: a fixação do carbono pelo consumo do gás carbônico para a produção de biomassa (fotossíntese), e barreiras naturais contra a maior energia do mar, reduzindo a taxa de erosão do litoral. A imagem mostra o avanço dos manguezais em direção ao mar concomitante com a quantidade de sedimentos disponibilizados para construção da nova linha de costa. As raízes aéreas do mangue aprisionam os sedimentos e quebram a energia do mar promovendo uma maior resiliência do litoral contra eventos climáticos. Os manguezais também ajudam a retardar a progressão das águas interiores em direção ao mar, permitindo uma maior deposição dos sedimentos orgânicos e inorgânicos continentais. **D.Z.**

North Shore Mangrove Forests
Maranhão

Amazonia-1/WFI, 16/Jun/2022, INPE
pp. 158-159

Maranhão is the Brazilian state with the highest concentration of mangroves along the coast. This dense, wide strip provides two important environmental services to tackle climate change: carbon sequestration through the consumption of carbon dioxide to produce biomass (photosynthesis), and natural barriers against the greater energy of the sea, reducing the rate of coastal erosion. The image shows the advance of the mangroves towards the sea, concomitant with the amount of sediment made available for the construction of the new coastline. The aerial roots of the mangrove tree trap sediment and break up the sea's energy, making the coastline more resilient to climatic events. Mangroves also help slow down the progression of inland waters towards the sea, allowing for greater deposition of organic and inorganic continental sediments. **D.Z.**

Reserva Extrativista Marinha de Tracuateua

Pará

WorldView-2, 04/dez/2021, Maxar

pp. 162-163

A Reserva Extrativista Marinha de Tracuateua, criada em 2005, é uma unidade de conservação de uso sustentável, localizada no estado do Pará. O principal objetivo da Reserva Extrativista é proteger o modo de vida e a cultura das comunidades tradicionais. Além disso, promover também o desenvolvimento sustentável viabilizando a economia extrativista bem como a manutenção dos recursos naturais que tornam a região singular e única. Nessa fronteira litorânea entre a planície costeira e o mar, nota-se uma declividade suave da zona de transição com a presença de um enorme estoque de sedimentos progredindo lentamente em direção ao oceano. À medida que os sedimentos são depositados, a vegetação de mangue progride sobre a zona intermarés onde ocorre a alternância da presença de água doce do continente e salgada do mar. Daí o ambiente perfeito para o desenvolvimento dos manguezais e de campos inundáveis por ocasião das cheias dos rios. Dos manguezais se aproveitam os caranguejos e dos campos inundáveis, a pesca de peixes de água doce. Esta alternância da produção pesqueira, ora de organismos marinhos, ora de peixes dos rios amazônicos torna esse encontro entre o mar e o continente, particularmente notável. **D.Z.**

Tracuateua Marine Extrative Reserve

Pará

WorldView-2, 04/Dec/2021, Maxar

pp. 162-163

The Tracuateua Marine Extractive Reserve, created in 2005, is a protected area for sustainable use located in the state of Pará. The main objective of the Extractive Reserve is to protect the way of life and culture of traditional communities. It also promotes sustainable development, making the extractive economy viable and maintaining the natural resources that make the region unique. On this shoreline border between the coastal plain and the sea, there is a gentle slope in the transition zone with a huge stock of sediment slowly progressing towards the ocean. As the sediments are deposited, the mangrove vegetation progresses over the intertidal zone which alternates between fresh water from the mainland and salt water from the sea, thus creating the perfect environment for the development of mangroves and floodplains during river floods. Mangroves provide crabs, and the floodplains, freshwater fish. This alternation of fishing production between marine organisms and fish from the Amazon rivers makes this convergence between the sea and land particularly remarkable. **D.Z.**

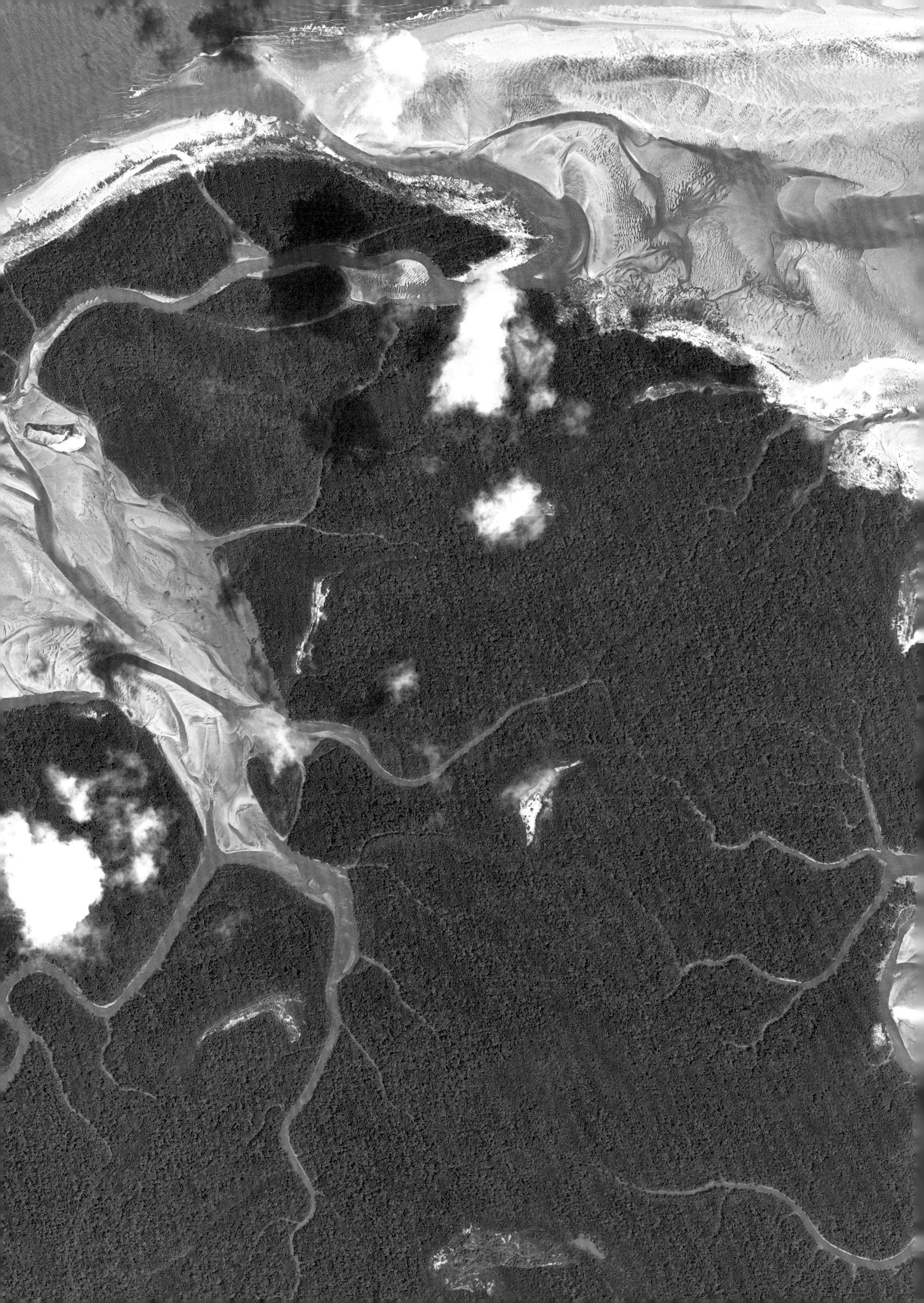

Rio Amazonas

Amazonas

Terra/MODIS, 29/jul/2020, Nasa

A influência do rio Amazonas no oceano tem escala planetária: o volume das águas e dos sedimentos que despeja no mar pode ser visto do espaço. A descarga da foz consegue adentrar o oceano por mais de 100 km. Os ventos e as correntes marinhas são capazes de espalhar a pluma até as Guianas, percorrendo mais de 2.000 km. Esse enorme aporte de água e de nutrientes propicia a evolução de novos organismos marinhos e fluviais e contribui para o sequestro de carbono. Sedimentos orgânicos depositam-se no leito da plataforma continental tirando de circulação toneladas de carbono da atmosfera. A manutenção da ciclagem amazônica contribui significativamente para o equilíbrio do planeta. No limite da plataforma continental em frente a sua foz foi descoberto um recife de corais com características únicas e que se estende por mais de 900 km, alcançando, inclusive, as Guianas. **D.Z.**

Amazon River

Amazonas

Terra/MODIS, 29/Jul/2020, Nasa

The Amazon River's influence on the ocean is on a planetary scale: the volume of water and sediment it dumps into the sea can be seen from space. The discharge from the mouth can reach more than 100 km into the ocean. The winds and sea currents can spread the plume as far as the Guianas, covering more than 2,000 km. This immense supply of water and nutrients favours the evolution of new marine and river organisms and contributes to carbon sequestration. Organic sediments are deposited on the bed of the continental shelf, removing tonnes of carbon from the atmosphere. Maintaining the cycling of the Amazon contributes significantly to the balance of the planet. At the edge of the continental shelf in front of its mouth, a coral reef with unique characteristics has been discovered that stretches for more than 900 km, even reaching the Guianas. **D.Z.**

Delta do Rio Amazonas

Amazonas

Amazonia-1/WFI, 22/jul/2023, Inpe

No seu percurso final, os rios Amazonas e Tocantins meandram por entre numerosas ilhas, transformando-se num delta. A maior delas é Marajó, mas outras ilhas importantes, como Caviana e Mexiana, estão separadas pelo canal Perigoso que, por ser raso, não é recomendado à navegação. Essa área, mais exposta aos ventos e às influências das marés, promove o surgimento da pororoca, uma onda que avança por entre os rios locais. O termo, derivado do Tupi, significa "estrondo", e acontece no encontro das águas do rio com o mar. As ilhas, planas e baixas, sofrem inundações sazonais nas áreas marginais, podendo ficar submersas até sete meses por ano. Na imagem, vê-se, ao norte, que a composição das águas do rio Amazonas (marrons) e, ao sul, do rio Tocantins (esverdeadas) é bastante diferente. Contudo, ambas, ao atingirem o oceano, são igualmente desviadas para norte em direção ao Amapá e às Guianas. **D.Z.**

Amazon River Delta

Amazonas

Amazonia-1/WFI, 22/Jul/2023, INPE

At the end of the Amazon and Tocantins Rivers, they wind between numerous islands, and form a delta. The largest of these islands is Marajó. Other important islands, such as Caviana and Mexiana, are separated by the Perigoso channel which, being shallow, is not recommended for navigation. This area, which is more exposed to the winds and the influence of the tides, promotes the appearance of the *pororoca*, a wave that advances through the local rivers. The term, derived from the Tupi, means "boom", and the wave emerges where the river meets the sea. The islands, which are flat and low-lying, are subject to seasonal flooding in the marginal areas and may be submerged for up to seven months of the year. In the image, one can see that, to the north, the water composition of the Amazon River (brown) and, to the south, of the Tocantins River (greenish) are quite different. However, upon reaching the ocean, they are both diverted northwards towards Amapá and the Guianas. **D.Z.**

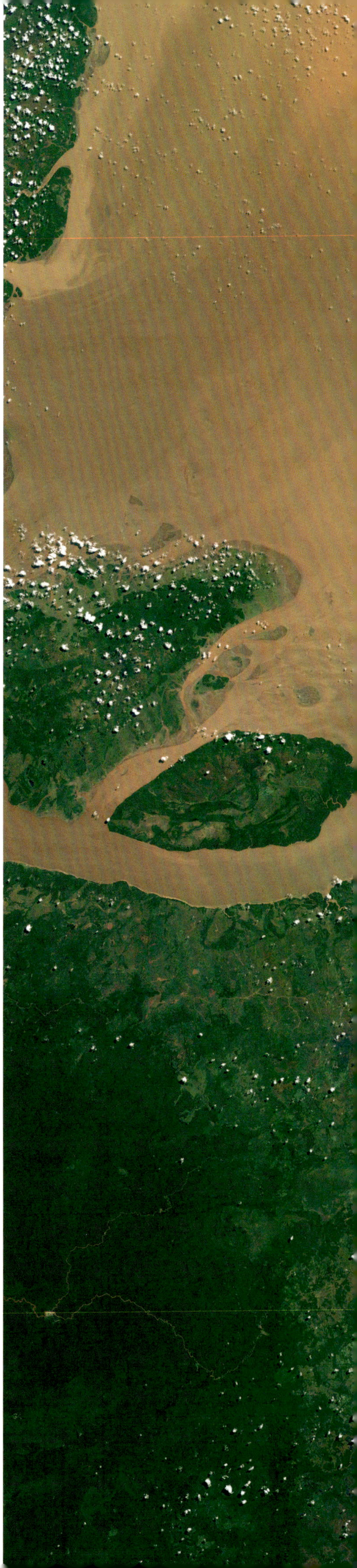

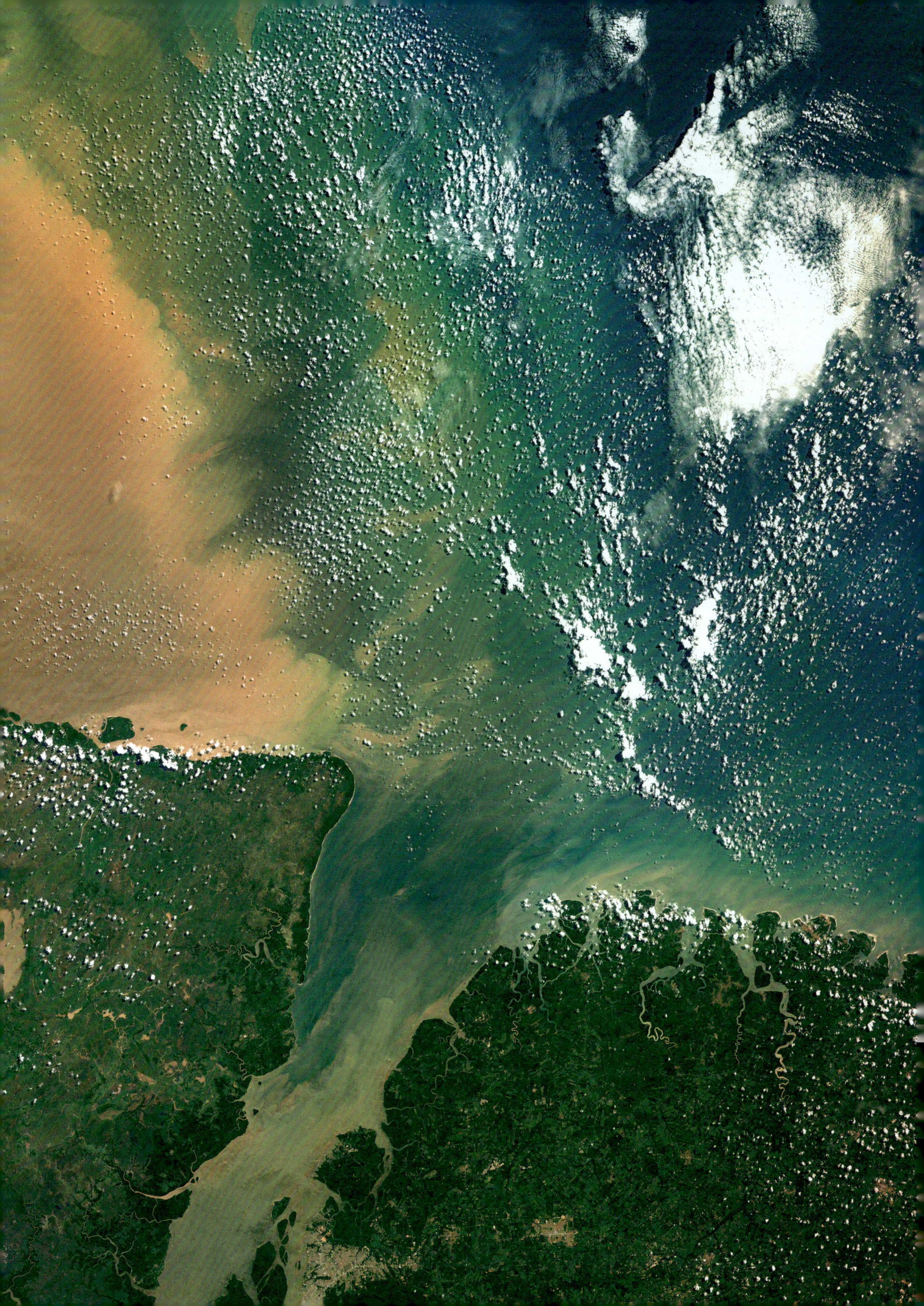

Ilhas de Maracá e Jipioca

Amapá

Sentinel-2A, MSI, 11/ago/2023, ESA

pp. 168-169

A Estação Ecológica Maracá-Jipioca é uma unidade de conservação de proteção integral localizada no município do Amapá (homônimo da capital do estado). É composta pelas ilhas Maracá, a maior, e Jipioca. A unidade situa-se num complexo estuarino que recebe aporte de sedimentos do rio Amazonas e de outros rios menores da região. As plumas de sedimento são visíveis na imagem, com suas feições moduladas pela dinâmica local. A Estação Ecológica é caracterizada por áreas planas resultantes da combinação de processos de acumulação fluvial e marinho, com florestas de várzea, campos inundáveis e manguezais. A única praia da região é a da Boca do Inferno, que apresenta uma estreita faixa de areia escura e barrenta. No igarapé do Inferno, a maré pode chegar a nove metros. O clima é equatorial úmido e quente, com período de chuva que dura aproximadamente dez meses. A fauna é composta por grande diversidade de espécies de aves, répteis, mamíferos, peixes e inúmeros invertebrados. A presença do búfalo, introduzido pelo homem há décadas, e da ave flamingo chama a atenção. O pisoteio excessivo dos búfalos causa alterações no solo e cria canais artificiais que intensificam a drenagem dos lagos e o assoreamento dos rios, gerando preocupações ambientais. **E.N.O.**

Maracá and Jipioca Islands

Amapá

Sentinel-2A, MSI, 11/Aug/2023, ESA

pp. 168-169

The Maracá-Jipioca Ecological Station is a fully protected area located in the municipality of Amapá (the same name as the state capital). It is made up of the islands of Maracá, and the smaller Jipioca. The unit is located in an estuarine complex that receives sediment from the Amazon River and other smaller rivers in the region. The sediment plumes are visible in the image, with their features modulated by local dynamics. The Ecological Station is characterised by flat areas resulting from the combination of fluvial and marine accumulation processes, with floodplain forests, flooded fields and mangroves. The only beach in the area is Boca do Inferno, which has a narrow strip of dark, clayey sand. At Igarapé do Inferno, the tide can reach 9 metres. The hot and humid equatorial climate entails a rainy season that lasts roughly ten months. The fauna includes a vast diversity of species of birds, reptiles, mammals, fish and countless invertebrates. There is also the striking presence of buffalo, introduced by man decades ago, and flamingo birds. Excessive trampling by buffalo causes changes in the soil and creates artificial channels that intensify the drainage of lakes and the siltation of the rivers, generating environmental concerns. **E.N.O.**

Rio Calçoene

Amapá

Sentinel-2A, MSI, 11/ago/2023, ESA

pp. 172-173

O estado do Amapá é notável por ter aproximadamente 70% do território composto por unidades de conservação e terras indígenas. Em contraste, o estado tem também grandes jazidas de recursos minerais, que são exploradas, em alguns casos, até a exaustão. A atividade de garimpo do distrito de Lourenço, município de Calçoene, remonta ao século XIX e é, atualmente, uma das frentes de mineração artesanal em operação no Brasil. Em décadas passadas e recentes, a região foi palco de vários conflitos sociais e ambientais atrelados ao garimpo. A região garimpeira está localizada em uma área de limites de bacias, tendo a serra Lombarda como principal divisor de água. O rio Calçoene nasce na serra Lombarda, seguindo em direção oeste–leste para desaguar no oceano Atlântico. Essas características geográficas evidenciam a importância da região para a manutenção da qualidade ambiental das bacias hidrográficas. Na imagem, nota-se a cidade de Calçoene e o rio homônimo meandrando em direção à região estuarina. A turbidez da pluma fluvial fica evidente contrastando com a vegetação marginal. Bancos de lamas e areia demarcam o limite continente e mar. **E.N.O.**

Calçoene River

Amapá

Sentinel-2A, MSI, 11/Aug/2023, ESA

pp. 172-173

The state of Amapá is notable for having approximately 70% of its territory composed of protected areas and indigenous lands. By contrast, the state also has large deposits of mineral resources, which are exploited to the point of exhaustion in some cases. The mining activity in the district of Lourenço, in the municipality of Calçoene, dates back to the 19th century and is currently one of the most active artisanal mining fronts in Brazil. In past and recent decades, the region has been the scene of various social and environmental conflicts linked to mining. The mining region is located in an area of drainage basin boundaries, with the Lombarda mountain range as the main watershed. The Calçoene River begins in the Lombarda mountain range and flows from west to east into the Atlantic Ocean. These geographical features highlight the importance of the region for maintaining the environmental quality of the river basins. The image shows the town of Calçoene and the Calçoene River winding towards the estuarine region. The turbidity of the river plume is evident in contrast to the marginal vegetation. Mud and sand banks demarcate the boundary between land and sea. **E.N.O.**

Currículos
Resumés

DAVID ZEE

É oceanógrafo, engenheiro costeiro e ambiental. Professor adjunto da Faculdade de Oceanografia da Universidade do Estado do Rio de Janeiro (Uerj), vice-presidente da ONG Câmara Comunitária da Barra da Tijuca e vice-presidente da ONG Defensores da Terra, consultor científico do Museu do Amanhã, mantenedor do *blog* Olhar Oceanográfico e Embaixador do Instituto Trata Brasil.

He is an oceanographer, coastal and environmental engineer. Adjunct professor at the Faculty of Oceanography of the Universidade do Estado do Rio de Janeiro (UERJ), vice-president of the NGO Câmara Comunitária da Barra da Tijuca and vice-president of the NGO Defensores da Terra, scientific consultant at the Museu do Amanhã, maintainer of the Olhar Oceanográfico blog and Ambassador of the Instituto Trata Brasil.

MILTON KAMPEL

Tem graduação em Oceanografia pela Universidade do Estado do Rio de Janeiro, mestrado em Sensoriamento Remoto pelo Instituto Nacional de Pesquisas Espaciais (Inpe), doutorado em Oceanografia Biológica pela Universidade de São Paulo e pós-doutorado no Bedford Institute of Oceanography, Canadá. É pesquisador titular do Inpe, atuando na Coordenação-Geral de Ciências da Terra, Divisão de Observação da Terra e Geoinformática. É professor docente do Programa de Pós-Graduação em Sensoriamento Remoto do Inpe. Foi condecorado com a Honra do Mérito Cartográfico no grau de Oficial pela Sociedade Brasileira de Cartografia.

He has a degree in Oceanography from the Universidade do Estado do Rio de Janeiro, a master's degree in Remote Sensing from the Instituto Nacional de Pesquisas Espaciais (INPE), a PhD in Oceanography (Biological Oceanography) from the Universidade de São Paulo and a Post-Doctorate at the Bedford Institute of Oceanography. He is a senior researcher at INPE, working in the General Coordination of Earth Sciences, Earth Observation and Geoinformatics Division. He is a professor at the Postgraduate Program in Remote Sensing at INPE. He was awarded the Honor of Cartographic Merit in the rank of Officer by the Brazilian Cartography Society.

EDUARDO NEGRI DE OLIVEIRA

Professor e pesquisador da Faculdade de Oceanografia da Universidade do Estado do Rio de Janeiro (Uerj), mestre em Sensoriamento Remoto pelo Instituto Nacional de Pesquisas Espaciais (Inpe) e doutor em Geociências pela Universidade Federal Fluminense (UFF). Desenvolve atividades de ensino e pesquisa na área de sensoriamento remoto aplicado a ambientes aquáticos.

Professor and researcher at the Faculty of Oceanography at the Universidade do Estado do Rio de Janeiro (UERJ), master in Remote Sensing from the Instituto Nacional de Pesquisas Espaciais (INPE) and PhD in Geosciences from the Universidade Federal Fluminense (UFF). He develops teaching and research activities in the area of remote sensing applied to aquatic environments.

ALEXANDER TURRA

É professor titular do Instituto Oceanográfico da Universidade de São Paulo e coordenador da Cátedra Unesco para a Sustentabilidade do Oceano, sediada no Instituto Oceanográfico e no Instituto de Estudos Avançados da Universidade de São Paulo. É biólogo com mestrado e doutorado em Ecologia pela Universidade Estadual de Campinas. Sua atuação se volta para o exercício da pesquisa interdisciplinar e integrada, com foco em temas como governança, manejo integrado e conservação marinha, impacto ambiental marinho, mudanças climáticas, poluição marinha (lixo nos mares) e biodiversidade marinha.

He is a full professor at the Oceanographic Institute of the Universidade de São Paulo and coordinator of the Unesco Chair for Ocean Sustainability, based at the Oceanographic Institute and the Institute for Advanced Studies at the Universidade de São Paulo. He is a biologist with a master's and doctorate in Ecology from the Universidade Estadual de Campinas. His activities focus on interdisciplinary and integrated research, mainly on topics such as governance, integrated management and marine conservation, marine environmental impact, climate change, marine pollution (marine litter) and marine biodiversity.

Agradecimentos

À Prefeitura do Rio de Janeiro e à Secretaria Municipal de Cultura.
Aos patrocinadores Praticagem RJ — Everton Schmidt; Adam Capital — Márcio Appel, André Salgado, Camila Souza; Rio Capital — Lucas Gonçalves Costa e Lucas Spinelli dos Santos; Clínica Bibas Dermatologia e Cirurgia Plástica — Roberta Bibas e Gitec Brasil — Thomas Harbauer, Daniele Valente e Isadora Timbó, parceiros fundamentais para a realização de obras que visam divulgar a cultura e o meio ambiente brasileiros.
Aos apoiadores Cátedra Unesco do Instituto Oceanográfico da Universidade de São Paulo (USP); Banco Bocom BBM, em especial a Alexandre Lowenkron, Cassio von Gal, Cecilia Machado, Mary Caminha, Pedro Henrique Mariani, Shen Fan e Sun Xu; e DCDinsmoreCompass, notadamente Laury Amaral e Marco Valadares, pelo constante suporte às nossas produções editoriais.
Ao Instituto Nacional de Pesquisas Espaciais (Inpe), pelas imagens dos satélites Amazonia-1 e CBERS-4A; ao Copernicus Sentinel Hub da Agência Espacial Europeia (ESA), pelas imagens dos satélites Sentinel-2A e Sentinel-2B e à Maxar Technologies Inc., pelas imagens dos satélites WordView-2, WordView-3 e GeoEye-1, processadas digitalmente para apresentação neste livro.
Nossa sincera gratidão pela generosidade e pelo apoio da Chang Guang Satellite Technology CO., LTD (CGSTL) por ceder imagens de satélite de altíssima resolução.
Gostaríamos de agradecer especialmente à vice-presidente da OnyX Space, Wei Sun, ao gerente de projetos Alexandre Wiefels, bem como ao diretor de vendas para a América do Sul, Gabriel Crivellaro Gonçalves, pela liderança e colaboração.
À Novaterra Soluções em Geoinformação, sobretudo Carlos Jamel e Raíra Cesário, cujo empenho foi crucial para a escolha e o tratamento das imagens CGSTL.
Aos pesquisadores colaboradores João Felipe Cardoso dos Santos e Thaís Andrade Galvão de Medeiros pela dedicação e eficiência no processamento digital das imagens Amazonia-1, CBERS-4A, Sentinel-2A/2B, WorldView-2/3 e GeoEye-1.
À equipe técnica da produção editorial cuja contribuição foi essencial para a superação dos desafios tecnológicos advindos da complexa composição de imagens geradas por satélite.

Acknowledgments

To the City of Rio de Janeiro and the Municipal Department of Culture.
To the sponsors Praticagem RJ — Everton Schmidt; Adam Capital — Márcio Appel, André Salgado, Camila Souza; Rio Capital — Lucas Gonçalves Costa e Lucas Spinelli dos Santos; Clínica Bibas Dermatologia e Cirurgia Plástica — Roberta Bibas and Gitec Brasil — Thomas Harbauer, Daniele Valente e Isadora Timbó, fundamental partners for carrying out works that aim to promote Brazilian culture and the environment.
To the supporters Cátedra Unesco do Instituto Oceanográfico da Universidade de São Paulo (USP); Banco Bocom BBM, especially Alexandre Lowenkron, Cassio von Gal, Cecilia Machado, Mary Caminha, Pedro Henrique Mariani, Shen Fan and Sun Xu; and DCDinsmoreCompass, notably Laury Amaral and Marco Valadares, for the constant support of our editorial productions.
To the National Institute for Space Research (INPE), for the images from the CBERS-4A and Amazonia-1 satellites; to the Copernicus Sentinel Hub of the European Space Agency (ESA), for the images from the Sentinel-2A and Sentinel-2B satellites; to Maxar Technologies, for the images from the WordView-2, WordView-3 and GeoEye-1 satellites, digitally processed to be presented in this book.
Our sincere gratitude for the generosity and support of Chang Guang Satellite Technology CO., LTD. in providing us with high-resolution satellite images.
We especially like to thank OnyX Space's Vice President, Wei Sun, Project Manager Alexandre Wiefels, as well as Sales Director for South America, Gabriel Crivellaro Gonçalves, for their leadership and collaboration.
To Novaterra Soluções em Geoinformação, above all Carlos Jamel and Raíra Cesário, whose commitment was crucial in the selection and handling of CGSTL images.
To the collaborating researchers João Felipe Cardoso dos Santos and Thaís Andrade Galvão de Medeiros for their dedication and efficiency in the digital processing of Amazonia-1, CBERS-4A, Sentinel-2A/2B, WorldView-2/3 and GeoEye-1 images.
To the editorial production technical team whose contribution was essential to overcoming the technological challenges arising from the complex composition of images generated by satellite.

Siglas
Acronyms

CG - Chang Guang Satellite Technology CO., LTD.
ESA - European Space Agency (Agencia Espacial Europeia)
GE-1 - GeoEye-1
Inpe [INPE] - Instituto Nacional de Pesquisas Espaciais
MSI - MultiSpectral Instrument (Instrumento multiespectral)
Nasa [NASA] - National Aeronautics and Space Administration (Administração Nacional de Aeronáutica e Espaço, dos Estados Unidos da América)
WFI - Wide Field Imaging Camera (Câmera Imageadora de Campo Largo)
WV-2 - WorldView-2
WV-3 - WorldView-3

Autores [Authors]
David Zee - D.Z.
Milton Kampel - M.K.
Eduardo Negri de Oliveira - E.N.O.

Dados Internacionais de Catalogação na Publicação (CIP)
(Câmara Brasileira do Livro, SP, Brasil)

O mar visto do espaço = The Sea Seen from Space. Organização [Editors] David Zee; Milton Kampel. Texto [Texts] Eduardo Negri de Oliveira... [et al.]; [tradução Ben Kohn]. Rio de Janeiro: Andrea Jakobsson Estúdio Editorial, 2023.
(Década do Oceano 2020–2030)

Outros autores: David Zee, Milton Kampel, Alexander Turra.
Edição bilíngue: português/inglês.

ISBN 978-65-5086-014-1

1. Fotografias 2. Mar — Fotografias 3. Mares I. Negri de Oliveira, Eduardo. II. Zee, David. III. Kampel, Milton. IV. Turra, Alexander V. Kohn, Ben. VIII. Série.

23-180500 CDD-779.9981

Índices para catálogo sistemático:
1. Brasil: Mares: Fotografias 779.9981
Aline Graziele Benitez — Bibliotecária — CRB-1/3129

FSC
www.fsc.org
MISTO
Papel | Apoiando o manejo florestal responsável
Paper | Supporting responsible forestry
FSC™ C011095